멸종위기의 새
THE ENDANGERED BIRDS IN KOREA
61종

한국 생물 목록 4
Checklist Of Organisms In Korea 4

멸종위기의 새
THE ENDANGERED BIRDS IN KOREA

펴 낸 날 | 2012년 11월 26일 초판 1쇄
글·사진 | 김성현·김진한·허위행·오현경·환경부 국립생물자원관

펴 낸 이 | 조영권
만 든 이 | 이명규·김원국·정병길
꾸 민 이 | 한기석

펴낸곳 | **자연과생태**
주소_서울 마포구 구수동 68-8 진영빌딩 2층
전화_02)701-7345-6 팩스_02)701-7347
홈페이지_www.econature.co.kr
등록_제313-2007-217호

ISBN : 978-89-97429-11-0 96490

※ 발행된 책의 오류 정정 내용은 〈자연과생태〉 홈페이지
(www.econature.co.kr)에서 확인하실 수 있습니다

한국 생물 목록 4
Checklist Of Organisms In Korea 4

멸종위기의 새

The Endangered Birds in Korea

61 종

글·사진 김성현·김진한·허위행·오현경·
환경부 국립생물자원관

자연과생태

▰▰ 일러두기

- 환경부에서 지정한 멸종위기야생생물 I, II급 중 야생 조류의 전체 종인 61종(I급 12종, II급 49종)을 수록했다.
- 조류 전문가가 아니어도 쉽게 이해할 수 있도록 아종 수준의 설명이나 어려운 내용은 배제했으며, 용어도 가능한 쉬운 우리말로 풀어 썼다.
- 본문에서는 몸길이, IUCN 적색목록 범주, 도래유형과 종별 실태, 특징, 닮은종 등을 기재했다. '닮은종과의 비교' 코너에서는 멸종위기 조류와 혼동할 가능성이 있는 25종을 추가 수록해 현장에서 식별에 도움이 되도록 비교 설명했으며, 닮은종이 멸종위기종인 경우 괄호( ) 안에 각각 I, II급을 표시했다.
- 각 사진에는 개체별로 수컷, 암컷, 어린새, 어른새, 여름깃, 겨울깃 등을 구분해 표기했으며, 연령의 경우 완전히 성숙한 개체는 '어른새'로, 미성숙한 개체는 '어린새'로 표기했다.
- 각 종의 국명, 학명, 영명 등은 한국조류학회에서 발간한 〈한국조류목록〉(2009)의 분류체계를 기준으로 삼았으며, 멸종위기 현황에 대해서는 국립생물자원관에서 발행한 〈한국의 멸종위기 야생동·식물 적색자료집_조류〉(2011)를 참고했다.

| IUCN 범주 |

EX(Extinct, 절멸) 마지막 개체가 죽었다는 점에 합리적으로 의심할 여지가 없는 상태

EW(Extinct in the wild, 야생절멸) 자연 서식지에서는 절멸했으나 동물원이나 식물원 등지에서 생육 또는 재배하는 개체만 있는 상태

CR(Critically Endangered, 위급) 야생에서 극단적으로 높은 절멸 위기에 직면한 상태

EN(Endangered, 위기) 야생에서 매우 높은 절멸 위기에 직면한 상태

VU(Vulnerable, 취약) 야생에서 높은 절멸 위기에 직면한 상태

NT(Near Threatened, 준위협) 가까운 장래에 멸종우려 범주 중의 하나에 근접하거나 멸종우려 범주 중의 하나로 평가될 수 있는 상태

LC(Least Concern, 관심대상) 널리 퍼져 있고, 개체수도 많은 상태

DD(Data Deficient, 정보부족) 상태 평가를 하기에는 정보가 부족한 상태

NE(Not Evaluated, 미평가) 적색목록 기준에 따라 아직 평가하지 않은 상태

멸종위기 등급

종 사진

목(Order)명
과(Family)명

국명
학명

생태, 형태,
현황 설명

닮은종 설명 코너

멸종위기 I급

어디서 기울 날던

기러기목 Anseriformes 〉 오리과 Anatidae

흑고니
Cygnus olor Mute Swan

몸길이	약 150cm
IUCN 범주	LC (관심대상종)
도래유형	겨울철새

실태 우리나라 전역의 해안가 근처 호수, 저수지, 강 등에 도래했으나, 최근 관찰되는 장소가 극히 제한적이며, 관찰되는 개체수도 매우 적다.

특징 암수가 거의 동일하다. 몸 전체가 흰색이며 다리는 검은색이다. 부리는 노란 빛이 도는 옅은 붉은색으로 눈앞이 검고 이마의 검은 혹이 특징이다. 어린새는 몸 전체가 회갈색이고 부리의 색이 매우 연하다. 다른 고니류와 비슷하지만 부리와 이마 사이에 검은 혹이 있으며, 부리의 색이 뚜렷하게 차이 난다.

닮은 종 전체적인 모습이나 깃털 색이 다른 고니류와 비슷하지만 부리의 색 차이가 뚜렷하므로 혼동될 가능성이 적다.

닮은 종과의 비교

저어새(I급)·노랑부리저어새(II급)

저어새

노랑부리저어새

노랑부리저어새는 몸이 약간 크고 부리 끝의 노란색은 넓게 펼쳐져 있다. 가장 큰 차이점은 저어새와 달리 눈앞부분이 흰색으로 눈과 부리의 경계가 뚜렷하게 느껴진다.

저어새는 눈알의 검은 피부는 부리와 연결되어 있어 이어진 것처럼 보이며 눈과 부리 사이가 밝게 보이는 노랑부리저어새와 쉽게 구별된다. 부리는 전체가 검지만 부리끝이 밝은 개체도 있으므로 주의가 필요하다.

멸종위기의 새, 알아볼 수 있어야 지킬 수 있습니다

작년 이맘때 만났던 새들이 올해도 또 올까? 궁금증에, 그리움에, 보고 싶은 설렘까지 겹쳐 야외로 마중을 갑니다. 약속이나 한 것처럼 다시 나를 만나러 온 녀석들이 기특하고 고맙기도 합니다. 때로는 예상치 못한 새로운 녀석이 찾아와 나를 기쁘게도 하고 꼭 만날 것 같던 녀석이 오지 않아 배신감에 속이 상하기도 합니다.

아름다운 자연 속에서 새들을 만나고 그 이름을 하나하나 알아가는 것은 매력적인 일입니다. 그다지 땅덩이가 넓은 나라는 아니지만 계절마다 텃새, 여름철새, 겨울철새, 나그네새 등 약 520종의 다양한 새들이 함께 살아가니 참으로 살기 좋은 우리나라입니다.

그러나 제비, 참새처럼 주변에서 쉽게 볼 수 있던 새들이 눈에 띄게 줄었습니다. 동요에 나오는 따오기를 이미 야생에서 볼 수 없게 된 지 오래되었습니다. 무분별한 개발, 환경오염 등으로 자연환경이 급변하면서 새들이 점점 사라지는 것 같아 서글퍼집니다. 다시는 만날 수 없는 새들이 생길까 겁이 납니다. 새 한 종이 멸종하면 100종이 넘는 생물이 함께 사라진다는 말처럼 생태계에서 새들의 중요성이 크기 때문에 더 그런가 봅니다.

환경부에서는 야생생물 246종을 멸종위기종으로 지정·보호하고 있습니다. 그중 멸종위기 새가 61종으로 전체 멸종위기종의 약 1/4을 차지하고 있습니다. 자연생태계가 파괴되고 새들이 쉴 곳을 잃어가는 현실을 보면, 안타까움을 넘어 지켜주지 못해 미안할 따름입니다. 사라져 가는 멸종위기종이 어떤 종인지 몰라 지키지 못하는 것도 더욱 마음 아픕니다.

자연에 관심 많은 분들이 질문을 던집니다. "멸종위기의 새들을 지키려면 무엇을 해야 할까요?" 참으로 어려운 질문입니다. 그러나 확실한 건 멸종위기의 새들을 정확히 알아야 지킬 수 있다는 것입니다. 모든 자연이 그렇듯, 새도 아는 만큼 보이고 보이는 만큼 지킬 수 있기 때문입니다.

우리가 관심 갖고 지켜야 할 멸종위기의 새는 종마다 패턴이 다양해 혼동하기 쉽고, 생김새가 비슷한 종도 많아서 종을 식별하기가 무척이나 어렵습니다. 이 책에서는 멸종위기의 새를 구분하는 데 도움을 주고자 환경부에서 지정한 멸종위기의 새 61종을 전부 수록했습니다. 그리고 식별에 혼동을 줄 수 있는 닮은 종 25종을 비교·설명했습니다.

이 책이 멸종위기의 새에 대한 관심을 높이고 종을 정확히 식별하는 데 도움을 주며, 이들을 보호하는 데 유용한 자료로 활용되길 바랍니다. "새들이 살 수 없는 곳은 사람들도 살 수 없다"는 말처럼 우리와 후손을 위해 새들을 지키고 보호하는 이들이 많아지길 바랍니다.

멸종위기종은 만나거나 촬영하기가 어렵기 때문에 일부 종의 사진은 도움을 받았습니다. 힘들게 촬영했을 귀한 사진을 기꺼이 제공해주신 강승구, 강희만, 김신환, 박창욱, 빙기창, 서정화, 서한수, 양현숙, 정운회, 최순규, 최종수, George Archibald 님께 진심으로 감사합니다. 새에 대한 일이라면 언제든 아낌없이 조언해주시는 국립환경과학원 박진영 박사님, 그리고 자연과 생태를 사랑하는 마음으로 저의 글과 사진을 알차게 담아주신 〈자연과생태〉 조영권 편집장님께 깊이 감사합니다.

저자 대표 **김 성 현**

▬ 차례

멸종위기 조류 Ⅰ급

어른새, 11월 일본

기러기목 Anseriformes 〉 오리과 Anatidae

혹고니
Cygnus olor Mute Swan

몸길이	약 150cm
IUCN 범주	LC (관심대상종)
도래유형	겨울철새

실태 우리나라 전역의 해안 근처 호수, 저수지, 강 등에 도래했으나, 최근 관찰되는 장소가 극히 제한적이며, 관찰되는 개체수도 매우 적다.

특징 암수가 거의 동일하다. 몸 전체가 흰색이며 다리는 검은색이다. 부리는 노란 빛이 도는 엷은 붉은색으로 눈앞이 검고 이마의 검은 혹이 특징이다. 어린새는 몸 전체가 회갈색이고 부리의 색이 매우 연하다. 다른 고니류와 비슷하지만 부리와 이마 사이에 검은 혹이 있으며, 부리의 색이 뚜렷하게 차이 난다.

닮은 종 전체적인 모습이나 깃털 색이 다른 고니류와 비슷하지만 부리의 색 차이가 뚜렷하므로 혼동될 가능성이 적다.

어른새. 11월 강원도 송지호

어른새. 11월 강원도 화진포

어른새. 1월 해남 고천암호

황새목 Ciconiiformes 〉 황새과 Ciconiidae

몸길이	약 112cm
IUCN 범주	EN (위기종)
도래유형	겨울철새

황새
Ciconia boyciana   Oriental Stork

실태 전 세계의 생존 개체수가 3,000개체 정도로 추정되는 국제적 보호조류다. 우리나라
에서는 1950년대까지 전국적으로 번식하는 텃새이면서 겨울철새였으나 1970년대 이
후 번식 집단이 완전히 사라지면서 최근에는 일부 지역에서만 적은 수가 월동하는 겨
울철새다.

특징 암수가 거의 동일하다. 크고 긴 검은색의 부리와 붉은색 다리가 특징이다. 검은색 날
개를 제외한 몸 전체가 흰색이다.

닮은 종 두루미(44쪽 참조)

비행. 1월 해남 고천암호

황새 무리. 12월 영암호 간척지

황새(I급), 두루미(I급)

황새

두루미

전체적인 체형은 비슷하지만 황새의 부리가 더 크고 길다. 다리의 색은 황새는 붉은색, 두루미는 검은색이며 특히 황새와 달리 두루미는 목 부분이 검은색으로 확실한 차이가 있다.

여름깃. 6월 강화도

황새목 Ciconiiformes 〉 저어새과 Threskiornithidae

저어새
Platalea minor   Black-faced Spoonbill

몸길이	약 77cm
IUCN 범주	EN (위기종)
도래유형	여름철새 / 텃새

실태 전 세계 집단이 2,693개체(2012년 1월 국제동시조사 결과)로 알려져 있는 국제적 보호조류다. 여름철새로 강화도, 연평도 등의 인근 무인도서에서 번식하나, 제주도에서 월동하는 텃새 개체군도 있다.

특징 암수가 거의 동일하다. 몸 전체가 흰색이고 부리와 다리는 검은색이다. 길고 넓적한 부리가 특징이다. 번식기에 가슴에는 엷은 노란색 무늬, 뒷머리에는 엷은 노란색 댕기깃이 나타나며, 월동기에는 이것이 사라진다. 어린새는 날 때 날개끝의 검은색이 선명하게 보이고, 부리는 분홍색을 띤다.

닮은 종 노랑부리저어새(78쪽 참조)

여름깃. 6월 칠산도

여름깃. 7월 서만도

어린새. 6월 칠산도

인공위성 추적용 발신기 부착개체. 어린새. 7월 강화도 각시암

19

겨울깃. 1월 제주도

어린새. 7월 강화도

비행. 7월 강화도

저어새(Ⅰ급)·노랑부리저어새(Ⅱ급)

저어새

노랑부리저어새

노랑부리저어새는 몸이 약간 크고 부리 끝의 노란색은 넓게 펼쳐져 있다. 가장 큰 차이점은 저어새와 달리 눈앞 부분이 흰색으로 눈과 부리의 경계가 뚜렷하게 느껴진다.

저어새는 눈앞의 검은 피부는 부리와 연결되어 있어 이어진 것처럼 보이며 눈과 부리 사이가 밝게 보이는 노랑부리저어새와 구별된다. 부리는 전체가 검지만 부리끝이 밝은 개체도 있으므로 주의가 필요하다.

저어새 번식지, 7월 강화도 각시암

여름깃. 6월 칠산도

황새목 Ciconiiformes 〉 백로과 Ardeidae

몸길이	약 65cm
IUCN 범주	VU (취약종)
도래유형	여름철새

노랑부리백로

Egretta eulophotes Chinese Egret

실태 지구상에 2,600~3,400개체가 서식하는 것으로 알려져 있는 국제적 보호조류이며, 생존 개체의 대부분이 한반도 서해안의 무인도서에서 번식하는 여름철새다.

특징 암수가 거의 동일하다. 몸 전체가 흰색으로 다른 백로류와 비슷하지만 번식기에는 뒷머리에 장식깃이 여러 가닥 생기는 것이 특징이다. 부리는 노란색이고 눈앞은 청록색이며 다리는 검고 발가락은 노란색이다. 겨울깃에는 장식깃이 없으며 눈앞은 노란 빛이 도는 녹색이고 부리는 안쪽을 제외하고 검은색으로 변한다. 다른 백로류에 비해 얼굴의 생김새가 날카로운 인상을 준다. 흑로 백색형이 가장 비슷하지만 국내에는 공식적인 관찰기록이 없다.

닮은 종 쇠백로, 황로

여름깃. 6월 제주도

겨울깃. 8월 볼음도

여름깃, 7월 칠산도 | 여름깃, 6월 제주도

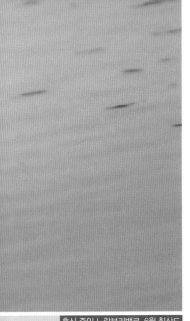

노랑부리백로(I급) · 쇠백로 · 황로

노랑부리백로

쇠백로

황로

　노랑부리백로는 다른 백로류에 비해 얼굴이 날카로운 인상을 주며 뒷머리에 있는 여러 가닥의 장식깃이 특징이다.

　쇠백로는 노랑부리백로처럼 발가락이 노란색이고 크기나 체형이 비슷해 보이기 때문에 혼동되기 쉽지만 여름깃은 뒷머리의 장식깃이 두 가닥이고 부리가 검다.

　황로 여름깃은 머리부터 목과 가슴까지 진한 노란색을 띠고 있기 때문에 혼동될 가능성이 없다. 겨울깃은 노란색 부리를 제외하고 몸 전체가 흰색으로 노랑부리백로와 비슷하지만 머리가 둥글고 목이 짧다.

어른새, 12월 전남 홍도

매목 Falconiformes 〉 매과 Falconidae

몸길이	♂38cm, ♀51cm
IUCN 범주	LC (관심대상종)
도래유형	텃새

매

Falco peregrinus Peregrine Falcon

실태 우리나라에 드물게 서식하는 텃새로 주로 해안이나 섬의 절벽에서 번식하고 겨울철
에는 하구, 호수, 농경지 등에 서식한다. 해안을 중심으로 전국적으로 넓게 분포하지
만 개체수는 많지 않다.

특징 암수가 거의 비슷하지만 암컷이 월등히 크다. 어른새는 몸 윗면이 어두운 청회색이
며 몸 아랫면은 흰색에 검은 가로줄무늬가 있다. 납막, 눈테, 다리가 노란색이다. 어
린새의 몸 윗면은 흑갈색에 깃가장자리가 엷고 몸 아랫면은 누런 바탕에 갈색의 큰
세로줄무늬가 흩어져 있다.

닮은 종 새호리기(87쪽 참조), 비둘기조롱이

어린새. 10월 흑산도

어른새. 1월 강원도 동해안

29

어른새, 10월 소청도

어린새(왼쪽)와 어른새, 10월 소청도

매(I급)·새호리기(II급)·비둘기조롱이

매 어른새는 새호리기, 비둘기조롱이(암컷, 어린새)와는 달리 흰색 눈썹선이 없거나 매우 희미하고 가슴의 무늬도 가로줄무늬이다. 눈 아래의 수염모양 무늬는 매가 가장 두텁고 새호리기는 가늘며 비둘기조롱이는 가장 희미하다.

매의 크기가 확연히 크며 날개폭도 넓다. 아랫배와 경부 부분은 새호리기의 경우에 적갈색을 띠고 비둘기조롱이는 노란색 기운이 있는 엷은 적갈색이다.

어른새, 5월 부산 태종대

어린새. 8월 전남 홍도

어른새, 3월 전남 홍도 ⓒ빙기창

매목 Falconiformes 〉 수리과 Accipitridae

몸길이	♂84.5cm, ♀90cm
IUCN 범주	LC (관심대상종)
도래유형	겨울철새

흰꼬리수리
Haliaeetus albicilla White-tailed Eagle

실태 한강하구, 철원평야, 동해안 등 우리나라 일부 지역에서 관찰되는 겨울철새로 개체
수는 많지 않다. 주로 해안, 소택지, 호수, 하구 등 넓은 수면이 있는 지역에 서식하
며 2000년 봄에 전남 대흑산도에서 둥지가 발견된 기록이 있다.

특징 암수가 거의 동일하다. 어른새는 몸 전체가 갈색이고 머리와 목 부분이 상대적으로
밝다. 부리는 노란색이며 꼬리는 흰색 쐐기 모양이고 다리는 노란색이다. 어린새는
몸 전체가 흑갈색으로 등과 날개덮깃 등에는 흰색 무늬가 섞여 있고 부리는 검은색이
며 꼬리는 흰색에 검은 무늬가 많이 섞여 있다.

닮은 종 참수리(38쪽 참조)

어른새. 2월. 강원도 고성

어린새. 11월. 천수만

어른새, 10월 전남 홍도

어린새(3~4년생), 1월 거제도

어른새. 3월 토교저수지 ⓒ강승구

어린새. 1월 천수만

어른새, 1월 팔당댐 ⓒ양현숙

매목 Falconiformes 〉 수리과 Accipitridae

몸길이	♂76~90cm, ♀86~98cm
IUCN 범주	VU (취약종)
도래유형	겨울철새

참수리
Haliaeetus pelagicus　Steller's Sea Eagle

실태 전 세계적으로 생존 개체수가 5,000개체 정도로 알려져 있는 국제적 보호조류다. 우리나라에 드물게 도래하는 겨울철새로 흰꼬리수리보다 드물게 관찰된다. 주로 해안지역 및 해안과 인접한 산림지대를 중심으로 도래한다.

특징 암수가 거의 동일하다. 두툼한 노란색 부리가 특징이다. 어른새는 전체적으로 검은색이며 이마, 어깨, 경부, 꼬리는 흰색이다. 어린새는 전체적으로 흑갈색이고 때 묻은 듯한 흰색 무늬가 섞여 있다. 비행 시에는 날개 아래쪽의 가장자리가 둥근 모양이며 꼬리가 뾰족한 쐐기 모양으로 길게 보인다.

닮은 종 흰꼬리수리(34쪽 참조)

어른새. 2월 거제도 ⓒ강승구

어른새. 1월 팔당댐 ⓒ양현숙

어린새. 1월 함평 대동댐

어린새. 11월 양양 남대천

어린새. 1월 거제도

흰꼬리수리(I급)·참수리(I급)

흰꼬리수리 어른새

참수리 어른새

흰꼬리수리, 참수리 모두 부리가 노란색으로 크고 두툼하지만 참수리의 부리가 훨씬 더 두툼하고 노란색도 선명하다. 특히 참수리 어른새는 어깨 부분의 흰색 큰 반점이 특징이다.

흰꼬리수리 어린새

참수리 어린새

어린새는 몸 전체의 색이 비슷하지만 흰꼬리수리가 더 밝은 경향이 있고 참수리와 달리 부리의 대부분이 검은색이다.

흰꼬리수리 어른새 비행

참수리 어른새 비행

흰꼬리수리 어린새 비행

참수리 어린새 비행

비행 시에 어른새는 꼬리가 모두 흰색이고 쐐기모양을 하고 있지만 참수리의 꼬리가 더 길고 뾰족하며 날개 앞부분의 흰색 부분도 눈에 띈다. 날개를 완전히 펼친 상태에서 날개 아랫부분은 참수리의 경우에 곡선형으로 보이고 흰꼬리수리의 경우 직선형에 가깝게 보인다. 어린새의 경우에는 참수리에 비해 흰꼬리수리가 전체적으로 갈색 빛이 강하다.

1월 천수만 ⓒ서한수

매목 Falconiformes 〉 수리과 Accipitridae

몸길이	♂78~86cm, ♀85~95cm
IUCN 범주	LC (관심대상종)
도래유형	겨울철새

검독수리
Aquila chrysaetos Golden Eagle

실태 드문 겨울철새로 과거에는 국내에 번식기록이 있는 텃새로도 알려져 있었으나 최근의 번식기록은 없으며 제주도 한라산에서 번식할 것으로 추정된다. 주로 하천, 해안, 내륙의 평지 등에서 월동한다.

특징 암수가 거의 동일하다. 몸 전체가 흑갈색이고 어른새는 뒷목이 황갈색을 띤다. 비행시 어른새는 몸 아랫면이 전체적으로 어둡게 보이지만 어린새는 첫째날개깃 안쪽에 넓은 흰색 반점이 있고 꼬리는 끝부분의 검은 띠와 안쪽의 흰색 부분이 뚜렷한 경계를 이룬다.

닮은 종 흰죽지수리(124쪽 참조) 어른새와 비슷하지만 검독수리보다 더 밝은 색을 띠므로 혼동될 가능성이 적다.

어른새. 9월 몽골

어린새. 1월 천수만

43

부리가 기형인 개체. 12월 철원평야

두루미목 Gruiformes 〉 두루미과 Gruidae

몸길이	약 140cm
IUCN 범주	EN (위기종)
도래유형	겨울철새

두루미

Grus japonensis Red-crowned Crane

실태 전 세계의 생존 개체수를 2,800개체 정도로 추정하는 국제적 보호조류다. 우리나라에는 겨울철새로 도래하며 강원도 철원지역과 경기도 연천, 파주, 강화 등 주로 비무장지대와 민간인통제지역 일대에 분포한다.

특징 암수가 거의 동일하다. 전체적으로 흰색 바탕에 정수리는 붉은색이며 부리는 황갈색으로 길다. 눈앞부터 뺨, 목까지, 그리고 둘째날개깃, 셋째날개깃과 다리는 검다. 셋째날개깃의 검은색은 서 있을 경우 꼬리처럼 보인다. 어린새는 머리, 목, 등, 날개에 황갈색을 띠는 부분이 많다.

닮은 종 황새(14쪽 참조)

어른새. 12월 철원평야

비행. 12월 철원평야

어린새(왼쪽)와 어른새. 12월 철원평야

어린새. 9월 천수만 ⓒ김신환

도요목 Charadriiformes 〉 도요과 Scolopacidae

청다리도요사촌
Tringa guttifer Nordmann's Greenshank

몸길이	약 31cm
IUCN 범주	EN (위기종)
도래유형	나그네새

실태 전 세계의 생존 개체수가 1,000개체 미만으로 추정하고 있는 아주 희귀한 국제적 보호조류다. 우리나라에서는 봄과 가을에 서해안 일대를 지나가는 나그네새다.

특징 암수가 거의 동일하다. 약간 위로 휘어진 크고 굵직한 부리가 특징이다. 머리는 몸에 비해 큰 느낌을 주며 다리는 노란 빛이 도는 엷은 녹색이다. 여름깃은 가슴에 큰 흑갈색 반점이 좁게 흩어져 있다. 비행 시에는 등부터 허리, 꼬리, 그리고 날개 아랫면이 흰색으로 보인다.

닮은 종 청다리도요

청다리도요사촌(I급)·청다리도요

청다리도요사촌(왼쪽)과 청다리도요(오른쪽) ⓒ 김신환

청다리도요

청다리도요사촌은 청다리도요에 비해 자세가 낮고 다리도 짧으며 부리는 확연히 크다. 청다리도요는 상대적으로 머리가 작아 보이며 눈은 크게 보인다. 날개 아랫면은 청다리도요사촌만큼 하얗게 보이지 않는다

여름깃, 5월 부산 진우도 ⓒ최종수

도요목 Charadriiformes 〉 도요과 Scolopacidae

몸길이	약 15cm
IUCN 범주	CR (위급종)
도래유형	나그네새

넓적부리도요

Eurynorhynchus pygmeus Spoon-billed Sandpiper

실태 최근 급격히 감소해 전 세계의 생존 개체수가 600개체 정도로 추정되는 아주 희귀한 국제적 보호조류다. 우리나라에서는 봄과 가을에 서해안 일대를 지나가는 나그네새다.

특징 암수가 거의 동일하다. 주걱 모양인 부리 끝이 특징이다. 여름깃은 얼굴부터 가슴까지 적갈색이고 등과 어깨깃은 검은색 바탕에 깃 가장자리가 황갈색이다. 겨울깃의 경우에는 몸 윗면이 회갈색이고 몸 아랫면은 흰색이다. 어린새는 겨울깃과 비슷하지만 정수리나 몸 윗면에 검은색 무늬가 있다. 눈앞은 뺨에 걸쳐서 갈색 무늬가 있다.

닮은 종 좀도요

겨울깃(1년생?), 9월 유부도 ©김신환 · 어린새, 9월 강릉 ©최순규

넓적부리도요(I급), 좀도요

넓적부리도요 여름깃

넓적부리도요 겨울깃

넓적부리도요 어린새

좀도요 여름깃

좀도요 겨울깃

좀도요 어린새

　　좀도요는 체형이나 크기, 전반적인 특징들이 넓적부리도요와 매우 비슷하지만 넓적부리도요의
부리는 특이한 주걱 모양이어서 쉽게 구별된다.

수컷. 광릉수목원 ⓒ서정화

딱다구리목 Piciformes 〉 딱다구리과 Picidae

몸길이	약 46cm
IUCN 범주	LC (관심대상종)
도래유형	텃새

크낙새

Dryocopus javensis　White-bellied Woodpecker

실태 과거에는 경기도 광릉, 양평, 군포, 수원, 천안, 전라북도, 부산시 등 여러 지역에서 서
식했고 경기도 광릉에서 번식기록도 있으나 1990년대부터는 관찰기록이 전혀 없다.

특징 대형 딱따구리로 전체적으로 검은색이지만 배와 허리, 아래날개덮깃은 흰색이다. 수
컷은 머리 윗부분과 뺨선이 붉은색이고 암컷은 머리 전체가 검은색이다.

닮은 종 까막딱다구리(164쪽 참조)

크낙새(I급)·까막딱다구리(Ⅱ급)

크낙새 수컷

까막딱다구리 수컷

크낙새는 배와 허리가 흰색이지만 까막딱다구리는 몸 전체가 검은색으로 흰색이 전혀 없는 것이 가장 큰 차이점이다. 수컷의 경우에 크낙새는 붉은 뺨선이 있지만 까막딱다구리는 없다.

멸종위기 조류 Ⅱ급

어른새, 11월 금강 하구

기러기목 Anseriformes 〉 오리과 Anatidae

몸길이	약 87cm
IUCN 범주	VU (취약종)
도래유형	겨울철새

개리

Anser cygnoides Swan Goose

실태 임진강, 한강 하류, 낙동강 하류, 금강 하류, 영산강 유역, 주남저수지 등에 제한적으로 월동하는 겨울철새이며 특히 임진강과 한강 하류에서 소수 개체가 지속적으로 관찰된다.

특징 암수가 거의 동일하다. 목과 부리가 다른 기러기류에 비해 길다. 몸 윗면은 흑갈색, 몸 아랫면은 엷은 갈색이다. 머리에서 뒷목까지는 진한 갈색이고 앞목은 흰색으로 뚜렷한 경계를 이루는 것이 가장 큰 특징이다.

닮은 종 혼동되는 종이 없다.

어른새. 10월. 주남저수지

기러기목 Anseriformes 〉 오리과 Anatidae

몸길이	78~100cm
IUCN 범주	LC (관심대상종)
도래유형	겨울철새

큰기러기
Anser fabalis Bean Goose

실태 철원평야, 시화호, 천수만, 금강하구, 영암호, 고천암호, 주남저수지, 낙동강하구 등
주요 철새도래지를 비롯해 주로 넓은 농경지에 전국적으로 분포한다.

특징 암수가 거의 동일하다. 몸 전체가 어둡고 짙은 갈색이며 몸 아랫면은 약간 엷다. 부
리는 검고 끝부분은 엷은 주황색이며 다리는 주황색이다.

닮은 종 쇠기러기와 비슷하지만 크기가 크고, 부리가 분홍색인 쇠기러기와 달리 큰기러기
는 부리가 검은색이어서 혼동될 가능성이 적다. 비행 시에는 배 부분에 검고 굵은 가
로줄무늬가 보이는 쇠기러기와 달리 큰기러기는 무늬가 전혀 없다.

휴식중인 큰기러기, 2월 주남저수지

비행. 10월 주남저수지

V자형 비행. 10월 주남저수지

59

어른새. 1월 주남저수지

기러기목 Anseriformes 〉 오리과 Anatidae

몸길이	53~66cm
IUCN 범주	VU (취약종)
도래유형	겨울철새

흰이마기러기

Anser erythropus Lesser White-fronted Goose

실태 겨울철 한강하구, 철원평야, 주남저수지, 천수만 등 습지 지역의 농경지에서 주로 관찰되는 희귀한 겨울철새다. 보통 쇠기러기 무리에 소수가 섞여 도래한다.

특징 암수가 거의 동일하다. 몸 전체가 암갈색이고 몸 아랫면은 약간 옅다. 부리 안쪽 부분에서 이마까지 흰색 부분이 비교적 넓게 보이고 쇠기러기처럼 배 부분에 검고 굵은 가로줄무늬가 흩어져 있다. 노란색 선명한 눈테가 특징이다.

닮은 종 쇠기러기

흰이마기러기(Ⅱ급)·쇠기러기

흰이마기러기

쇠기러기

　쇠기러기는 흰이마기러기에 비해 크기나 머리가 상대적으로 크고 부리의 길이도 길다. 이마가 튀어나온 듯한 흰이마기러기보다 상대적으로 이마가 편평하며 이마의 흰색 부분도 개체 차이는 있으나 상대적으로 좁다. 특히 눈테가 선명한 노란색인 흰이마기러기에 비해 노란색 눈테가 없거나 있더라도 희미한 것이 가장 큰 차이점이다.

흰이마기러기(왼쪽)과 쇠기러기(오른쪽)

　비행 시에는 두 종 모두 전체적인 형태가 비슷하고 배 부분에 검고 굵은 가로줄무늬가 선명해 혼동될 가능성이 많다. 그러나 흰이마기러기는 덩치가 작고 목이 짧으며 머리와 부리도 작다.

어른새, 1월 이야진해수욕장

기러기목 Anseriformes 〉 오리과 Anatidae

몸길이	약 61cm
IUCN 범주	LC (관심대상종)
도래유형	겨울철새

흑기러기
Branta bernicla Brant Goose

실태 동아시아 지역에는 1,700여 개체가 서식하는 것으로 추정되며 겨울철에 주로 남해
안, 동해안, 시화호, 제주도 등지의 해안가 주변에서 관찰된다.

특징 암수가 거의 동일하다. 전체적으로 검은색이고 몸 위쪽의 검은색은 엷다. 목에는 흰
테가 있고, 윗꼬리덮깃, 아래꼬리덮깃, 아랫배는 흰색이다. 어린새의 경우 목에 흰색
무늬가 없는 경우도 있다.

닮은 종 혼동되는 종이 없다.

어린새, 2월 주남저수지

어른새, 2월 주남저수지

기러기목 Anseriformes 〉오리과 Anatidae

몸길이	약 120cm
IUCN 범주	LC (관심대상종)
도래유형	겨울철새

고니

Cygnus columbianus Tundra Swan

실태 겨울철에 낙동강 하구, 태화강, 주남저수지, 금강하구, 천수만 등을 비롯해 전국적으로 분포하지만 큰고니에 비해 월동 개체수가 매우 적으며 주로 호수, 강 하구, 해안, 초습지, 농경지, 간척지 등에 서식한다.

특징 암수가 거의 동일하다. 몸 전체가 흰색인 대형 종으로 부리 앞은 검고 안쪽은 노란색이다. 부리 안쪽의 노란색 부분은 검은색인 부리끝보다 좁다. 어린새는 몸 전체가 엷은 회갈색으로 부리 안쪽은 분홍빛을 띤다.

닮은 종 큰고니(66쪽 참조)

휴식중인 고니, 2월 주남저수지

어른새. 11월 전남 진도

기러기목 Anseriformes 〉 오리과 Anatidae

큰고니
Cygnus cygnus Whooper Swan

몸길이	약 140cm
IUCN 범주	LC (관심대상종)
도래유형	겨울철새

실태 우리나라 전역의 호수와 해안 등지에서 월동하는 겨울철새이며 주로 저수지, 물이 고인 논, 호소, 하구, 해안 등 수심이 얕은 수면을 선호한다.

특징 암수가 거의 동일하다. 몸 전체가 흰색인 대형 종으로 부리 앞은 검고 안쪽은 노란색 이다. 부리 안쪽의 노란색 부분은 검은색인 부리끝보다 넓다. 어린새는 몸 전체가 엷은 회갈색이다.

닮은 종 고니(63쪽 참조)

어른새(위), 어린새(아래). 1월 강릉 경포호

어른새 비행

어린새 비행

큰고니 무리, 12월 보길도

큰고니 무리, 9월 몽골

큰고니(Ⅱ급)·고니(Ⅱ급)

큰고니(어른새)

고니(어른새)

　큰고니는 고니에 비해 몸이 크며 목도 가늘고 길다. 부리도 상대적으로 길며 특히 고니에 비해 부리의 노란색 부분이 검은색 부분보다 훨씬 넓다.

　고니는 큰고니에 비해 몸이 약간 작고 목도 약간 굵으며 짧다. 부리의 노란색 부분은 큰고니에 비해 확연히 좁다.

큰고니(어린새)

고니(어린새)

수컷, 2월 경남 산청 ⓒ서한수

몸길이	약 57cm
IUCN 범주	EN (위기종)
도래유형	겨울철새

기러기목 Anseriformes 〉 오리과 Anatidae

호사비오리
Mergus squamatus Scaly-sided Merganser

실태 전 세계의 생존 개체수가 6,000개체 정도로 추정되는 국제적 보호조류다. 우리나라에도 매우 드물게 도래하는 겨울철새로 강원도, 충청남도, 경상북도, 제주도 등 산악지역의 맑은 하천에 주로 서식한다.

특징 수컷의 머리는 녹색 광택이 있는 검은색이다. 뒷머리의 댕기깃은 길고 뾰족한 형태로 여러 가닥이 있으며, 붉은색 부리는 가늘고 길다. 등은 검은색이고 가슴은 흰색이며 옆구리의 검은색 비늘무늬가 특징이다. 암컷은 머리가 엷은 갈색이고 몸 윗면은 회색이다. 옆구리는 수컷처럼 비늘무늬가 있다.

닮은 종 비오리, 바다비오리

암컷. 12월 제주도

호사비오리(Ⅱ급)·비오리·바다비오리

호사비오리 수컷

비오리 수컷

바다비오리 수컷

　비오리 수컷은 머리의 댕기깃이 없거나 매우 짧고 옆구리의 흰색 부분이 매우 넓기 때문에 다른 수컷 비오리류와 혼동될 가능성이 적다. 호사비오리 수컷과 바다비오리 수컷은 비슷하지만 호사비오리는 바다비오리에 비해 댕기깃이 상대적으로 길고 홍채(호사비오리: 흑갈색, 바다비오리: 붉은색)의 색이 다르다. 특히 호사비오리는 다른 비오리류와 달리 옆구리에 비늘무늬가 있는 것이 가장 큰 차이점이다.

호사비오리 암컷

비오리 암컷

바다비오리 암컷

　암컷의 경우에도 댕기깃은 호사비오리가 가장 길고 바다비오리는 약간 짧으며 비오리는 매우 짧다. 그 중 비오리 암컷은 적갈색인 얼굴과 목 부분이 흰색인 가슴 아랫부분과 경계가 뚜렷하게 구분되어 비교적 혼동될 가능성이 적다. 바다비오리 암컷은 다른 비오리류와 달리 부리와 눈 사이에 이어진 엷은 줄무늬가 있다. 호사비오리 암컷은 수컷과 마찬가지로 다른 비오리류와 달리 옆구리의 비늘무늬가 있는 것이 가장 큰 차이점이다.

어른새. 1월 함평 대동댐

황새목 Ciconiiformes 〉 황새과 Ciconiidae

몸길이	약 99cm
IUCN 범주	LC (관심대상종)
도래유형	겨울철새

먹황새
Ciconia nigra Black Stork

실태 1960년대 후반까지 우리나라에서 번식한 기록이 있으나 지금은 전라남도 함평과 해남 등의 일부 지역에서 드물게 월동하는 겨울철새다. 또한 이동 시기인 가을철에 소청도, 가거도 등의 도서지역에서 소수의 개체가 이동하는 것이 관찰되고 있다.

특징 암수가 거의 동일하다. 머리를 포함한 몸 윗면은 녹색 또는 보라색 광택을 띤 검은색이다. 목 아래를 경계로 배와 아래꼬리덮깃은 흰색이다. 부리와 다리는 길며 모두 붉은색을 띤다. 어린새는 몸 윗면이 전체적으로 검은색 바탕에 광택이 없는 갈색 기운을 띠며 부리와 다리의 색이 어둡게 보인다.

닮은 종 혼동되는 종이 없다.

어른새. 1월 함평 대동댐　어린새. 9월 소청도

어린새. 4월 함평 대동댐

먹황새 무리. 2월 함평 대동댐

어른새. 중국 ⓒ최종수

황새목 Ciconiiformes 〉 저어새과 Threskiornithidae

따오기
Nipponia nippon   Crested Ibis

몸길이	약 76.5cm
IUCN 범주	EN (위기종)
도래유형	겨울철새

실태 한국, 중국, 일본에 서식하는 국제적 멸종위기종이며 우리나라에서는 19세기 후반까지 소규모이지만 전국적으로 관찰되었으나 1979년 이후 자연 상태에서의 관찰기록은 없다.

특징 암수가 거의 동일하다. 아래로 휘어진 긴 부리와 붉은 피부가 노출되어 있는 얼굴이 특징이다. 뒷머리에는 긴 댕기깃이 있으며 비번식기에는 전체적으로 흰색이지만 번식기에는 머리, 등, 날개덮깃이 회색으로 변한다.

닮은 종 혼동되는 종이 없다.

어른새, 중국 ⓒ최종수

야생에서의 국내 마지막 기록 사진. 1979년 1월 경기도 문산 판문점 ⓒGeorge Archibald

어른새, 2월 주남저수지 ©최순규

황새목 Ciconiiformes 〉 저어새과 Threskiornithidae

몸길이	약 86cm
IUCN 범주	LC (관심대상종)
도래유형	겨울철새

노랑부리저어새
Platalea leucorodia   Eurasian Spoonbill

실태 전국의 철새도래지 또는 습지에서 서식하는 겨울철새다.

특징 암수가 거의 동일하다. 몸 전체가 흰색이고 주걱모양의 길고 검은 부리가 특징이며 부리 끝부분은 노란색이다. 여름깃은 뒷머리에 댕기깃이 있고 겨울깃은 댕기깃이 짧거나 거의 없다. 어린새는 날개끝이 검고 부리는 전체적으로 어두운 분홍빛을 띤다.

닮은 종 저어새(17쪽 참조)

겨울깃. 2월 주남저수지 ⓒ최순규

겨울깃. 11월 주남저수지

어린새. 2월 주남저수지

노랑부리저어새 무리. 3월 새만금

비행. 2월 주남저수지

수컷, 6월 천수만 ©김신환

황새목 Ciconiiformes 〉 백로과 Ardeidae

몸길이	33~39cm
IUCN 범주	LC (관심대상종)
도래유형	여름철새

큰덤불해오라기

Ixobrychus eurhythmus Von Schrenck's Bittern

실태 경기도, 충청남도, 전라남도 등지의 대규모 간척지 또는 습지에 서식하는 여름철새로 갈대밭, 작은 물웅덩이, 풀이 우거진 습지 등에서 생활한다.

특징 수컷은 몸 윗면이 진한 갈색이며 몸 아랫면은 엷은 황갈색이다. 날개덮깃의 회색과 날개깃의 흑갈색이 선명한 대조를 이룬다. 멱부터 가슴까지 이어지는 긴 흑갈색 선 하나가 특징이다. 암컷은 몸 윗면에 흰색 반점이 조밀하게 있으며 앞목에 수컷보다 엷은 갈색 세로줄이 5개 있다. 가까이에서 보면 눈의 동공 뒤쪽에 작고 검은 점이 있다.

닮은 종 덤불해오라기, 열대붉은해오라기

큰덤불해오라기(II급) · 덤불해오라기 · 열대붉은해오라기

큰덤불해오라기 ©김신환

덤불해오라기

열대붉은해오라기

덤불해오라기는 백로 · 해오라기류 중에서 크기가 가장 작으며 몸 윗면이 큰덤불해오라기에 비해 확연하게 엷은 색을 띤다. 동공 뒤쪽에는 검은 점이 없으며 목의 세로줄(5열로 매우 엷음)도 차이가 있어 혼동될 가능성이 적다.

열대붉은해오라기는 동공 뒤쪽의 검은 점과 멱부터 가슴까지 이어지는 긴 세로줄 하나 등 큰덤불해오라기와 비슷한 점이 많지만 큰덤불해오라기보다 몸의 흑갈색이 붉은색에 가깝게 훨씬 밝으며 부리도 윗부분의 일부만 검고 나머지는 노란색이다.

큰덤불해오라기는 몸 윗면과 아랫면의 깃털 색 차이가 훨씬 뚜렷하고 경계가 명료하며 날개덮깃이 회색인 것이 큰 차이점이다.

▶ 어른새, 5월 소청도

황새목 Ciconiiformes 〉 백로과 Ardeidae

붉은해오라기
Gorsachius goisagi Japanese Night Heron

몸길이	약 49cm
IUCN 범주	EN (위기종)
도래유형	길잃은새, 나그네새

실태 부산, 제주도 및 서남해안의 도서지역 등에 비정기적으로 도래하는 길잃은새 또는 나그네새이며, 2009년에는 부산과 제주도에서 번식기록이 있다.

특징 암수가 거의 동일하다. 몸 윗면은 적갈색이며 몸 아랫면은 엷은 황갈색으로 흑갈색 세로무늬가 있다. 부리는 검은색으로 짧고 굵게 보인다. 머리 윗부분은 상대적으로 더 어둡게 보이며 날개를 펼쳤을 때 날개깃은 검고 끝부분은 적갈색이다. 어린새는 성조에 비해 더 어두운 색이며 머리와 날개에 벌레 먹은 듯한 무늬가 흩어져 있다.

닮은 종 푸른눈테해오라기는 2006년 6월 군산시에서 1개체가 구조된 기록이 있는 국내 미기록종이다. 붉은해오라기와 비슷하게 몸 윗면이 적갈색을 띠지만 정수리는 검고 뒷머리에는 길게 돌출된 댕기가 있다. 또한 눈테와 눈앞의 푸른색은 붉은해오라기보다 더 진하고 선명하다.

어린새와 어른새. 8월 파주 ⓒ최순규

매목 Falconiformes 〉매과 Falconidae

새호리기

Falco subbuteo Eurasian Hobby

몸길이	28~31cm
IUCN 범주	LC (관심대상종)
도래유형	여름철새

실태 우리나라 전역에 분포하고 주로 산림에서 번식한다. 번식수는 정확히 파악되지 않지만 전국 각지에서 소수가 번식하는 것으로 추정된다.

특징 암수가 거의 동일하다. 몸 윗면은 어두운 청회색이고 뺨에는 수염모양의 검은 세로무늬가 있다. 흰색의 눈썹선은 짧고 가늘다. 가슴부터 배와 옆구리까지 검은색 굵은 세로무늬가 있다. 배 아랫부분부터 아래꼬리덮깃, 경부는 적갈색이다. 어린새의 머리, 등, 꼬리 부분은 어른새에 비해 흑갈색이 강하고 배 아랫부분부터 아래꼬리덮깃, 경부의 적갈색은 거의 없다.

닮은 종 매(28쪽 참조), 비둘기조롱이(31쪽 참조)

어른새. 5월 충남 당진

어른새. 9월 몽골

어른새, 2월 낙동강하구

매목 Falconiformes 〉 수리과 Accipitridae

몸길이	♂54cm, ♀64cm
IUCN 범주	LC (관심대상종)
도래유형	겨울철새, 나그네새

물수리
Pandion haliaetus Osprey

실태 우리나라에 전국적으로 분포하지만 주로 해안가에서 관찰되는 경우가 많고 내륙의 경우에는 하천이나 댐 주변에서 관찰된다. 제주도와 남해안 일대에는 겨울철새로 도래하고 봄과 가을에는 해안가, 하구, 하천, 습지 등에서 관찰되는 나그네새다.

특징 암수가 거의 동일하다. 몸 색깔은 전체적으로 흑백의 대비를 이루며 눈선은 흑갈색이다. 수컷은 암컷에 비해 가슴 무늬의 폭이 좁고 엷은 경향이 있다. 비행 시에는 폭이 좁고 긴 날개와 상대적으로 짧은 꼬리가 특징이다.

닮은 종 혼동되는 종이 없다.

암컷. 9월 소청도

수컷. 9월 전남 홍도

91

어린새. 9월 소청도

매목 Falconiformes 〉 수리과 Accipitridae

벌매

Pernis ptilorhynchus   Crested Honey Buzzard

몸길이	♂57cm, ♀60.5cm
IUCN 범주	LC (관심대상종)
도래유형	나그네새

실태 1980년대까지 희귀한 통과철새 또는 희귀한 여름철새로 보았으나 2000년대부터 통과시기의 관찰기록이 크게 증가하고 있다. 특히 봄철에는 부산 및 거제도, 가을철에는 소청도, 어청도, 홍도, 가거도 등 서해안 도서지역을 중심으로 많은 이동 집단을 관찰할 수 있다. 또한, 2009년에는 강원도 홍천에서 번식하는 1쌍이 최초로 확인된 바 있다.

특징 깃털 색이 어두운 개체, 밝은 개체, 중간 개체 등 다양한 개체변이를 나타낸다. 일반적으로 수컷은 몸 아랫면의 날개깃에 크고 검은 띠가 2~3개 있고 꼬리에도 크고 검은 띠가 2개 있다. 홍채는 매우 어둡고 얼굴은 회색이다. 암컷은 몸 아랫면의 날개깃 무늬가 수컷보다 가늘고 홍채는 노란색이다.

닮은 종 솔개, 말똥가리와 깃털 색이 비슷한 개체가 있어 혼동될 수 있으나 비행 시에는 긴 목과 날개 그리고 꼬리 등의 외부 형태 차이로 구별이 가능하다. 종 내에서는 개체변이가 심하기 때문에 개체에 따라 다른 종으로 혼동할 가능성이 크다.

어린새(중간 형태), 9월 소청도

어린새(어두운 형태), 9월 소청도

암컷(밝은 형태), 10월 어청도

어린새(밝은 형태), 9월 소청도 어린새(중간 형태), 9월 소청도

어린새(어두운 형태), 9월 소청도

벌매(II급)

비행 시 개체마다 실루엣은 거의 비슷하나 다양한 형태의 깃털변이가 있다.

수컷(중간 형태)

수컷(어두운 형태)

암컷(밝은 형태)

어린새(밝은 형태)

암컷(중간 형태)

어린새(중간 형태)

암컷(어두운 형태)

어린새(어두운 형태)

솔개 무리. 10월 낙동강하구

매목 Falconiformes 〉 수리과 Accipitridae

몸길이	♂ 58.5cm, ♀ 68.5cm
IUCN 범주	LC (관심대상종)
도래유형	겨울철새, 텃새

솔개

Milvus migrans Black Kite

실태 1970년대까지 흔한 나그네새, 겨울철새 또는 흔치 않은 여름철새라고 알려졌고 서울 인근에서도 흔히 관찰되었던 종이지만 1970년 후반부터 개체수가 급감했다. 최근에는 주로 낙동강 하구를 포함한 부산 주변에서만 규칙적으로 관찰된다. 일부는 이동 시기에 서해안 도서지역에서 소수가 관찰되고 있다.

특징 암수가 거의 동일하다. 어른새는 몸 전체에 붉은빛이 도는 흑갈색이고 몸 아랫면의 첫째날개깃 안쪽에 흰색 무늬가 있다. 꼬리는 안쪽으로 움푹 들어갔으며 펼치면 각진 형태가 된다. 비행 시의 날개는 거의 M자 모양이다. 어린새는 몸 전체에 적갈색이 적고 등과 날개덮깃에 흰색 무늬가 흩어져 있으며 몸 아랫면도 어른새보다 훨씬 밝고 폭넓은 흰색 줄무늬가 뚜렷이 나타난다.

닮은 종 말똥가리

어린새. 9월 몽골

어른새. 10월 부산 태종대

어린새. 9월 몽골

솔개(II급)·말똥가리

솔개

말똥가리

말똥가리는 솔개보다 전체적으로 약간 밝게 보인다. 몸은 솔개에 비해 약간 작으며 상대적으로 머리가 둥글고 체형이 통통하다. 솔개는 얼굴에 특징 있는 무늬가 없지만 말똥가리는 뺨과 턱 사이에 흑갈색 줄무늬가 있다.

말똥가리(왼쪽), 솔개(오른쪽)

비행 시 솔개는 날개 아랫면의 날개깃이 말똥가리보다 더 어둡게 보인다. 말똥가리는 머리가 상대적으로 크고 둥글게 보인다. 특히 말똥가리의 꼬리는 펼쳤을 때 부채모양이어서 꼬리끝이 직선 또는 V로 파인 형태인 솔개와 확실한 차이를 보인다.

2월 경남 고성

매목 Falconiformes > 수리과 Accipitridae

독수리

Aegypius monachus Cinereous Vulture

몸길이	약 110cm
IUCN 범주	NT (준위협종)
도래유형	겨울철새

실태 주로 철원, 파주 등 비무장지대에 월동하던 겨울철새로, 2000년대에 들어오면서 월동개체군 규모의 증가와 함께 분포도 남부지방까지 크게 확대되었다. 우리나라에서 월동하는 개체군은 대부분 몽골에서 번식하는 것으로 알려져 있다.

특징 암수가 거의 동일하다. 우리나라에 도래하는 맹금류 중 가장 큰 종으로 몸 전체가 검은색으로 보인다. 비행 시에 날개는 길고 폭이 넓으며 꼬리는 상대적으로 짧아 보인다.

닮은 종 혼동되는 종이 없다.

99

12월 경남 단성

12월 철원평야
2월 경남 고성

수컷 1월 해남 고천암호

매목 Falconiformes 〉 수리과 Accipitridae

몸길이	♂ 43~47cm, ♀ 48.5~54cm
IUCN 범주	LC (관심대상종)
도래유형	겨울철새

잿빛개구리매
Circus cyaneus Northern Harrier

실태 우리나라 전역에서 월동하는 겨울철새로 개구리매류 중에서는 비교적 흔히 관찰되며, 주로 해안과 인접한 농경지나 간척지, 하구, 하천 등에서 관찰된다.

특징 비행 시 날개를 위로 올려 V자 모양을 이루며 낮게 비행한다. 수컷은 머리와 몸 윗면이 회색이고 가슴 아랫부분은 흰색이다. 암컷과 어린새는 몸 전체가 갈색으로 흑갈색 무늬가 있고 허리와 윗꼬리덮깃은 흰색이다. 비행 시에는 날개깃에 검은 가로무늬가 있으며 꼬리에는 갈색 가로무늬가 있다. 어른새는 암수 모두 홍채가 노란색이고 어린새는 갈색이다.

닮은 종 개구리매(105쪽 참조), 알락개구리매(104쪽 참조)

암컷. 1월 충남 당진 ⓒ최순규

어린새. 1월 천수만 ⓒ김신환

어린새. 12월 해남 고천암호

103

어린새. 9월 천수만 ©김신환

매목 Falconiformes 〉 수리과 Accipitridae

몸길이	♂41~44cm, ♀44~46cm
IUCN 범주	LC (관심대상종)
도래유형	나그네새

알락개구리매
Circus melanoleucos　Pied Harrier

실태 전체적으로 도래 규모나 분포가 크지 않은 종이다. 2000년대에 들면서 순천만, 천수만, 시화호 및 서해 도서지역 등에서 간헐적으로 관찰되는 나그네새이며, 비무장지대의 초지에서 번식한 기록이 있다.

특징 수컷은 흰색 바탕에 머리, 등, 가슴이 검은색이며 허리는 흰색이다. 암컷은 몸 전체가 어두운 갈색으로 엷은 무늬가 섞여 있고 날개깃은 푸른빛이 도는 회색에 흑갈색 가로무늬가 있다. 어린새는 전체적으로 적갈색을 띠며 몸 아랫면과 아랫날개덮깃은 진한 갈색이다.

닮은 종 잿빛개구리매, 개구리매

어린새. 9월 천수만 ⓒ김신환　　어린새. 9월 순천만　　어린새. 9월 소청도

닮은 종과의 비교

잿빛개구리매(Ⅱ급)·개구리매·알락개구리매(Ⅱ급)

잿빛개구리매 어린새　　개구리매 어린새　　알락개구리매 어린새

　잿빛개구리매 어린새는 전체적으로 갈색 빛이 강하고 눈 뒤쪽과 아래쪽의 뺨 주변이 짙은 갈색으로 둘러싸여 있으며 가장자리에는 흰색 둥근 띠가 있다. 개구리매 어린새는 얼굴이 전체적으로 밝은 누런색을 띠며 알락개구리매 어린새는 전체적으로 적갈색에 얼굴 앞부분과 눈 주변만 상대적으로 밝은 형태를 띤다.

잿빛개구리매 수컷

　잿빛개구리매 수컷은 머리, 가슴이 회색인 것과 달리 알락개구리매 수컷은 머리, 등 가슴이 검은색으로 뚜렷한 차이가 있다.

잿빛개구리매 어린새　　개구리매 ⓒ김신환　　알락개구리매 어린새

　비행 시 개구리매는 잿빛개구리매와 알락개구리매보다 육중해 보이고 허리의 흰색이 좁으며 첫째날개깃 안쪽의 흑갈색 줄무늬가 없거나 흐린 것이 큰 차이점이다.
　잿빛개구리매 어린새의 몸 아랫면은 몸통과 날개덮깃이 엷은 갈색이고 가슴과 배에는 세로줄무늬가 있지만 알락개구리매 어린새는 몸통과 날개덮깃 전체가 진한 적갈색이다.

수컷. 5월 전남 영암

매목 Falconiformes 〉 수리과 Accipitridae

몸길이	♂29.5cm, ♀31.5cm
IUCN 범주	LC (관심대상종)
도래유형	여름철새

붉은배새매
Accipiter soloensis Chinese Sparrowhawk

실태 우리나라 전역에서 비교적 흔히 번식하는 여름철새이지만 최근 번식 집단이 감소하고 있는 것으로 판단된다. 봄철 이동 시기에도 서해 도서지역 등에서 이동하는 개체가 관찰되지만 이동 개체군의 정확한 실태 파악이 미흡한 실정이다.

특징 몸 윗면은 어두운 청회색이고 가슴은 엷은 붉은빛이 있는 갈색이며 아랫배는 흰색이다. 암수 모두 눈테는 없고 납막은 주황색이며 전체적으로 거의 비슷한 색을 띠지만 홍채의 색이 수컷은 검은색이고 암컷은 노란색인 것이 큰 차이점이다. 비행 시에는 날개가 가늘고 길게 보이며 첫째날개깃의 끝이 검고 아래날개덮깃은 무늬가 없는 갈색이다. 어린새는 머리와 몸 윗면이 푸른빛이 도는 흑갈색이고 몸 아랫면은 흰색 바탕에 가슴에는 세로무늬, 배에는 가로무늬가 갈색으로 굵게 나타난다.

닮은 종 조롱이(108쪽 참조), 새매(110쪽 참조)

암컷. 5월 외연도

암컷. 5월 전남 홍도

어린새. 10월 소청도

수컷. 5월 칠발도

매목 Falconiformes 〉 수리과 Accipitridae

몸길이	♂27.5cm, ♀32cm
IUCN 범주	LC (관심대상종)
도래유형	여름철새, 텃새

조롱이

Accipiter gularis Japanese Sparrowhawk

실태 여름철새 또는 텃새로 알려져 있으나 정확한 도래현황 파악이 어려운 종이다. 과거에는 번식기록이 있으나 최근에는 봄과 가을의 이동 시기에 주로 관찰되고 있다.

특징 수컷은 몸 윗면이 어두운 청회색이고 가슴부터 옆구리까지는 주황색이다. 노란색 눈테가 선명하고 홍채는 어두운 붉은색이다. 암컷 몸 윗면은 수컷보다 갈색 빛이 많으며 몸 아랫면은 흑갈색 가로무늬가 조밀하게 있고 홍채는 노란색이다. 어린새는 몸 윗면이 어두운 회갈색이고 몸 아랫면은 흰색 바탕에 가슴에는 갈색 세로무늬, 배에는 하트모양 무늬, 옆구리에는 가로무늬가 있다. 홍채는 녹색 빛이 도는 노란색이다.

닮은 종 붉은배새매, 새매(115쪽 참조)

암컷. 5월 ⓒ강승구

109

매목 Falconiformes 〉 수리과 Accipitridae

몸길이	♂33cm, ♀40cm
IUCN 범주	LC (관심대상종)
도래유형	겨울철새

새매

Accipiter nisus   Eurasian Sparrowhawk

실태 전국적으로 어렵지 않게 관찰되고 있는 겨울철새이지만 봄과 가을 이동 시기의 관찰 기록도 증가하고 있다. 특히 가을철에는 서해 도서지역과 부산 등에서 많은 개체수가 통과하며 이동 시기의 체계적인 조사가 필요한 종이다.

특징 암수가 거의 비슷하지만 수컷의 몸 윗면과 얼굴은 어두운 청회색이고 몸 아랫면은 흰색 바탕에 갈색 가로무늬가 있다. 홍채는 주황색에 가까운 노란색이며 가운데 발가락이 상대적으로 길다. 암컷은 몸 윗면에 갈색 빛이 도는 경우가 많으며 흰색 눈썹선은 수컷보다 선명하고 홍채는 노란색이다. 어린새는 몸 윗면이 회갈색이며 깃가장자리에는 엷은 갈색 무늬가 있다.

닮은 종 붉은배새매(106쪽 참조), 조롱이(108쪽 참조), 참매(114쪽 참조)

암컷, 12월 충북 충주 ⓒ최순규

어린새, 12월 전남 홍도

어린새, 10월 부산 을숙도

어린새, 3월 충주 ⓒ최순규

어린새, 9월 소청도

어린새, 10월 부산 을숙도

어른새. 12월 시흥 ⓒ최순규

매목 Falconiformes 〉 수리과 Accipitridae

참매

Accipiter gentilis Northern Goshawk

몸길이	♂51cm, ♀58cm
IUCN 범주	LC (관심대상종)
도래유형	겨울철새

실태 대부분 겨울철에 드물게 관찰되는 겨울철새이지만 2006년 충청북도 충주에서 국내 최초로 번식이 확인된 후 꾸준히 추가 번식지가 발견되고 있다. 이동 시기에도 서해 도서지역에서 소수가 이동하는 것이 확인된다.

특징 몸 윗면은 어두운 청회색이고 흰색 눈썹선은 선명하게 나타난다. 몸 아랫면은 가늘고 조밀한 흑갈색 가로무늬가 있다. 암수가 거의 비슷하지만 암컷은 수컷에 비해 몸 윗면의 갈색 빛이 더 강한 경향이 있다 .어린새는 몸 윗면이 흑갈색이고 몸 아랫면은 엷은 갈색에 흑갈색의 세로무늬가 있다.

닮은 종 새매(110쪽 참조)

어른새. 6월 충주 ⓒ강승구

어린새, 2월 주남저수지

어린새, 9월 소청도

붉은배새매(Ⅱ급)·조롱이(Ⅱ급)·새매(Ⅱ급)·참매(Ⅱ급)

붉은배새매 어린새

조롱이 어린새

새매 어린새

참매 어린새

　새매류는 비행 시에 관찰되는 경우가 많고 형태가 매우 비슷하며 특히 어린새는 혼동할 가능성이 높지만 칼깃 수가 붉은배새매는 4개, 조롱이는 5개, 새매는 6개로 전혀 다르기 때문에 이 부분을 정확하게 관찰했거나 사진을 촬영했을 때는 쉽게 동정이 가능하다. 그러나 새매와 참매는 칼깃 수가 6개로 같기 때문에 주의가 필요하다.

　붉은배새매 어린새는 날개 아랫면의 날개덮깃에 무늬가 거의 없으며 날개끝으로 갈수록 다른 새매류보다 폭이 훨씬 좁아진다. 조롱이는 멱에 직선 세로줄무늬가 선명하고 새매에 비해 몸통과 날개 아랫면의 날개덮깃 무늬가 굵다. 새매는 날개 아랫면의 날개덮깃을 포함한 몸통에 조밀한 가로줄무늬가 진하고 빽빽하게 있다. 참매 어린새는 날개 아랫면의 날개덮깃과 몸통이 엷은 갈색이고 가슴부터 아랫배까지 흑갈색 세로줄무늬가 있다. 새매 어른새와 참매 어른새도 비행 시 매우 비슷하지만 몸 아랫면 가로줄무늬는 참매 쪽이 얇고 개수도 많으며 색도 엷은 경향이 있다.

매목 Falconiformes 〉 수리과 Accipitridae

몸길이	♂61cm, ♀72cm
IUCN 범주	LC (관심대상종)
도래유형	겨울철새

큰말똥가리
Buteo hemilasius Upland Buzzard

실태 전국적으로 매우 드물게 관찰되는 겨울철새이지만 최근 관찰기록이 조금씩 증가하는 추세다.

특징 암수가 거의 동일하다. 말똥가리류 중에서 가장 큰 종으로 전체적으로 갈색 빛이 강하고 특히 첫째날개덮깃, 둘째날개깃은 짙은 갈색이다. 어린새는 전체적으로 엷은 갈색이고 뒷목, 허리, 배, 옆구리가 짙은 갈색이다. 꼬리는 때 묻은 듯한 흰색이며 흑갈색 가는 가로줄무늬가 5~8개 있다. 홍채는 어른새의 경우에 어두운 색으로 보이지만 어린새는 노란색 또는 황갈색이다.

닮은 종 털발말똥가리, 말똥가리(121쪽 참조)

어린새. 12월 해남 금호호

어른새(2~3년생?). 9월 몽골

어른새. 9월 몽골

어른새. 9월 몽골

어린새. 12월 해남 금호호

큰말똥가리(II급)·털발말똥가리·말똥가리

큰말똥가리

털발말똥가리

말똥가리

큰말똥가리는 말똥가리처럼 깃털 색의 개체변이가 많은 종이므로 혼동될 가능성이 높다. 일반적으로는 몸집이 말똥가리보다 훨씬 크고 머리 부분이 밝은 누런색을 띠는 경우가 많다. 털발말똥가리의 경우에도 가슴 위부터 머리 전체가 밝은 색을 띠지만 큰말똥가리보다 범위가 넓고 더 깨끗한 흰색인 경우가 많다. 몸집도 큰말똥가리에 비해 작으며 몸 전체가 흑백으로 명확한 대비를 이룬다. 말똥가리는 대부분 몸 전체가 진한 갈색으로 차이가 있지만 큰말똥가리처럼 머리 부분이 밝은 개체도 관찰되므로 주의가 필요하다.

큰말똥가리

털발말똥가리

말똥가리

털발말똥가리는 비행 시에도 흑백 대비가 뚜렷하고 몸에 비해 상대적으로 머리가 둥글고 크며 목은 짧기 때문에 올빼미류와 비슷한 인상을 준다. 큰말똥가리의 크기는 다른 말똥가리류에 비해 크지만 비행 시에는 크기를 가늠하기 어렵다. 일반적으로는 몸 아랫면이 큰말똥가리는 옅고 말똥가리는 진하게 보이지만 개체에 따라 차이가 크다.

큰말똥가리

큰말똥가리의 몸 윗면은 말똥가리와는 달리 첫째날개깃 안쪽 부분이 흰색이고 꼬리는 지저분하게 보이는 흰색에 흑갈색 가는 가로줄무늬가 5~8개 보이기 때문에 구별이 가능하다.

어린새. 1월 해남 고천암호

어린새. 1월 해남 고천암호

매목 Falconiformes 〉 수리과 Accipitridae

몸길이	♂77cm, ♀83cm
IUCN 범주	VU (취약종)
도래유형	겨울철새

흰죽지수리

Aquila heliaca Eastern Imperial Eagle

실태 강, 하구, 간척지 등 일부 지역에서만 매우 드물게 관찰되는 겨울철새로 천수만, 해
남, 주남저수지, 낙동강 하구 등에서 관찰된다.

특징 암수가 거의 동일하다. 몸 전체가 흑갈색이지만 머리 윗부분부터 목까지는 황갈색이
며 납막과 다리는 노란색이다. 어린새는 전체적으로 밝은 황갈색 빛이 강하다.

닮은 종 검독수리(42쪽 참조)

두루미목 Gruiformes 〉 느시과 Otididae

몸길이	♂100cm, ♀75cm
IUCN 범주	VU (취약종)
도래유형	겨울철새

느시

Otis tarda Great Bustard

실태 우리나라에서 19세기 말까지 흔한 겨울철새였으나 1910년대부터 감소하기 시작해 2001년 철원지역의 관찰기록 외에는 추가 기록이 없다.

특징 덩치가 큰 대형 종으로 수컷은 암컷에 비해 몸집이 월등히 크다. 부리가 짧고 굵으며 몸집에 비해 작은 발가락이 3개 있다. 머리에서 목까지는 청회색이고 번식기에는 멱에 긴 실같이 보이는 특이한 깃이 있다. 암컷은 계절에 관계없이 멱의 실 같은 깃이 없고 목은 수컷과 달리 청회색이 적다. 가슴의 적갈색도 비교적 엷으며 날개의 흰색 부분도 수컷보다 매우 좁다. 어린새는 머리에서 목까지 갈색 기운을 띠며 날개의 흰색과 황갈색 부분의 경계가 불분명하다.

닮은 종 혼동되는 종이 없다.

암컷. 9월 천수만 ⓒ김신환

수컷. 6월 천수만

두루미목 Gruiformes 〉 뜸부기과 Rallidae

몸길이	♂40cm. ♀33cm
IUCN 범주	LC (관심대상종)
도래유형	여름철새

뜸부기
Gallicrex cinerea Watercock

실태 과거 전국적으로 흔한 여름철새였으나 최근에는 개체수가 감소하는 경향을 나타내고 있다. 주로 넓은 논과 간척지 등에서 적은 수가 번식한다.

특징 수컷은 전체적으로 회색빛이 도는 검은색이며, 노란색 부리와 이마부터 정수리까지 돌출된 붉은색 피부가 눈에 띈다. 암컷은 수컷보다 작으며, 전체적으로 황갈색에 몸 윗면은 진한 갈색 무늬가 있다. 부리와 다리는 녹황색이다.

닮은 종 쇠물닭, 물닭

뜸부기(II급)·쇠물닭·물닭

뜸부기는 암수가 전혀 다른 형태이지만 쇠물닭과 물닭은 암수의 형태가 동일하다. 일반적으로 뜸부기는 곧게 서 있는 듯한 자세를 취하고 주로 논에서 관찰되지만 쇠물닭과 물닭은 낮은 자세를 취하며 수면 위에서 관찰되는 경우가 많다.

뜸부기 수컷 　쇠물닭 어른새 　물닭 어른새

쇠물닭은 뜸부기에 비해 몸이 작고 자세가 낮으며 옆구리에 긴 흰색 무늬가 있다. 이마의 붉은색은 뜸부기와 달리 정수리까지 올라가지 않는다. 물닭은 몸 전체가 검은색으로 뜸부기와 비슷하지만 부리와 이마가 흰색이어서 혼동 가능성이 적다.

뜸부기 암컷 　쇠물닭 어린새 　물닭 어린새

뜸부기 암컷은 전체적으로 황갈색에 몸 윗면은 진한 갈색 무늬가 있지만 쇠물닭 어린새는 몸 윗면이 무늬가 없는 균일한 색이며 아래꼬리덮깃은 성조처럼 흰색이다. 물닭 어린새는 전체적으로 흑갈색에 몸 윗면에는 무늬가 없으며 얼굴과 목이 때 묻은 듯한 흰색으로 뜸부기 암컷과 비교적 쉽게 구별된다.

어른새, 12월 철원평야

두루미목 Gruiformes 〉 두루미과 Gruidae

재두루미

Grus vipio White-naped Crane

몸길이	115~125cm
IUCN 범주	VU (취약종)
도래유형	겨울철새

실태 전 세계의 생존 개체수가 약 6,500개체로 추정되는 국제적 보호조류이며 국내에서는 1,500개체 정도가 월동하는 것으로 알려져 있다.

특징 암수가 거의 동일하다. 눈 주변이 붉고 눈 뒤편에는 회색 둥근 반점이 있다. 머리와 목이 흰색이며 몸통은 진한 회색이다. 어린새는 얼굴의 붉은색과 회색의 경계가 불분명하며 날개깃과 날개덮깃 일부에 황갈색 무늬가 있다.

닮은 종 흑두루미(134쪽 참조)

어른새. 11월 철원평야

어린새. 11월 철원평야

재두루미의 비행. 12월 철원평야

어른새. 10월 철원평야

비행. 2월 주남저수지

휴식 중인 재두루미. 12월 주남저수지

어린새(왼쪽 두 개체), 어른새(오른쪽), 12월 천수만 ⓒ서한수

두루미목 Gruiformes > 두루미과 Gruidae		
몸길이	약 114cm	
IUCN 범주	LC (관심대상종)	
도래유형	겨울철새	

검은목두루미
Grus grus   Common Crane

실태 우리나라에서는 다른 두루미 무리에 섞여 극소수만이 관찰된다.

특징 암수가 거의 동일하다. 전체적으로 회백색이고 비행 시에는 날개깃의 검은색과 날개
덮깃의 회색이 뚜렷하게 구분된다. 머리 부분은 검은색이지만 눈 뒤편과 뒷목 아랫부
분은 흰색이다. 간혹 검은목두루미와 흑두루미의 교잡종이 관찰된다.

닮은 종 흑두루미(134쪽 참조)

어린새와 어른새(중앙). 12월 천수만 ⓒ서한수

검은목두루미와 흑두루미의 교잡종. 3월 천수만 ⓒ김신환

어른새, 5월 강릉 ⓒ최순규

두루미목 Gruiformes 〉 두루미과 Gruidae

몸길이	약 96.5cm
IUCN 범주	VU (취약종)
도래유형	겨울철새, 나그네새

흑두루미
Grus monacha Hooded Crane

실태 전 세계의 생존 개체수가 약 11,500개체로 추정되는 국제적 보호조류다. 월동기에는 대부분 순천만에서 월동하며 이동 시기에도 구미 해평습지, 천수만 등에서 큰 무리가 관찰되고 있다.

특징 암수가 거의 동일하다. 전체적으로 검은색이며 머리와 목 윗부분은 흰색이다. 이마는 검은색이며 정수리에는 약하게 붉은색 무늬가 있다. 어린새는 머리에서 목까지 황갈색 빛을 띤다.

닮은 종 검은목두루미(132쪽 참조)

어린새(왼쪽)와 어른새(오른쪽). 11월 순천만

흑두루미 무리. 10월 구미 해평습지

어른새(위)와 어린새(아래), 11월 순천만

흑두루미와 검은목두루미의 잡종 개체(오른쪽)

두루미(Ⅰ급)·재두루미(Ⅱ급)·검은목두루미(Ⅱ급)·흑두루미(Ⅱ급)

두루미는 몸 전체의 색이 흑백으로 뚜렷한 대비를 이루고 있어 다른 두루미류와 쉽게 구별된다.

재두루미는 흑두루미에 비해 조금 더 크며 몸통에 검은 빛이 강한 흑두루미와 달리 회색빛이 강하다.

검은목두루미는 흑두루미보다 더 옅은 색을 띠며 비행할 때에는 날개 윗면에 보이는 날개덮깃과 날개깃의 색 차이가 뚜렷하다.

흑두루미는 재두루미와 검은목두루미에 비해 전체적으로 검은색이 더 강하며 멱부터 머리 뒷면을 포함해 목 전체가 흰색이다.

어른새. 7월 인천 송도

도요목 Charadriiformes 〉 검은머리물떼새과 Haematopodidae

검은머리물떼새

Haematopus ostralegus Eurasian Oystercatcher

몸길이	약 45cm
IUCN 범주	LC (관심대상종)
도래유형	텃새

실태 우리나라에서는 주로 서해안 연안의 갯벌지역과 일부 남해안 갯벌지역에서 분포하며 1971년 강화도 대송도에서 번식이 확인된 이후 서해의 여러 작은 무인도에서 번식하는 것이 추가로 확인되고 있다. 특히 유부도에서는 겨울철에 대규모 월동 집단이 도래한다.

특징 암수가 거의 동일하다. 몸 윗면은 검은색, 몸 아랫면은 흰색이다. 붉은색 긴 부리와 분홍색 다리가 특징이다. 어린새는 등과 날개의 검은 부분에 갈색 빛이 있으며 붉은색 부리 끝은 검은색이 섞여 있다.

닮은 종 혼동되는 종이 없다.

무리, 9월 유부도 ⓒ최순규

어른새, 6월 칠산도

비행. 2월 유부도

휴식중인 검은머리물떼새. 9월 유부도

어른새, 6월 칠산도

어른새. 2월 상주 ⓒ최순규

도요목 Charadriiformes 〉 물떼새과 Charadriidae

몸길이	약 20.5cm
IUCN 범주	LC (관심대상종)
도래유형	텃새

흰목물떼새
Charadrius placidus Long-billed Plover

실태 우리나라에서는 주로 하천과 냇가의 자갈밭, 논, 산지의 물가, 하구의 삼각지, 해안의 모래밭 등에서 서식하는 텃새로, 2002년 대전 대전천에서 첫 번식기록이 확인되었으며 최근에는 일부 하천지역에서 소수가 번식하는 것으로 알려져 있다.

특징 암수가 거의 동일하다. 눈앞부터 빰까지 흑갈색이며 가슴에 검은 띠가 있다. 가늘고 긴 부리가 특징이며 노란색 가는 눈테가 있다. 겨울깃으로 바뀌면 얼굴이나 가슴의 흑갈색이 엷어진다.

닮은 종 꼬마물떼새

어린새, 8월 조치원 ⓒ최순규

흰목물떼새(Ⅱ급) · 꼬마물떼새

  흰목물떼새는 꼬마물떼새와 매우 비슷하지만 꼬마물떼새에 비해 몸집이 다소 크며 부리도 상
대적으로 길다. 노란색 눈테는 꼬마물떼새가 폭이 넓고 훨씬 선명하며 가슴의 검은색 띠도 굵고
선명하다.

흰목물떼새

꼬마물떼새

어른새, 3월 포항 ©최순규

도요목 Charadriiformes 〉 도요새과 Charadriidae

몸길이	약 61.5cm
IUCN 범주	VU (취약종)
도래유형	나그네새

알락꼬리마도요

Numenius madagascariensis Eastern Curlew

실태 전 세계의 생존 개체수가 약 38,000개체로 알려져 있는 국제적 보호조류이며 지속적으로 개체군이 감소하는 것으로 추정된다.

특징 암수가 거의 동일하다. 몸 전체가 엷은 갈색에 흑갈색 무늬가 조밀하게 흩어져 있다. 아래로 크게 휘어진 매우 긴 부리가 특징이다.

닮은 종 마도요

알락꼬리마도요(Ⅱ급), 마도요

알락꼬리마도요

마도요

알락꼬리마도요

마도요

알락꼬리마도요와 마도요는 외형적으로 매우 비슷하지만 마도요가 더 밝게 보이며 특히 배, 아래꼬리덮깃, 허리가 흰색이다.

비행 시에도 마도요가 더 밝게 보이며 특히 날개 아랫면이 흑갈색인 알락꼬리마도요와 달리 마도요는 날개 아랫면이 흰색으로 차이가 두드러진다.

여름깃 변환. 3월 전남 홍도

도요목 Charadriiformes 〉 갈매기과 Laridae

몸길이	약 32cm
IUCN 범주	VU (취약종)
도래유형	여름철새, 겨울철새

검은머리갈매기
Larus saundersi Saunders's Gull

실태 전 세계의 생존 개체수가 14,400개체 정도로 추정되고 있는 국제적 보호조류다. 우리 나라에서는 영종도, 송도 등의 매립지에서 번식하고 주로 서남해안에서 월동한다.

특징 암수가 거의 동일하다. 검은색 짧은 부리와 어두운 붉은색 다리가 특징적이며 앉아 있을 때 날개 끝에 큰 흰색 반점 여러 개가 명확하게 보인다. 여름깃은 머리가 검은 색이며 눈 주변에 흰색 무늬가 있고 겨울깃은 머리가 흰색으로 변하면서 귀깃 주변에 검은 반점이 생긴다.

닮은 종 붉은부리갈매기(153쪽 참조)

여름깃 7월 인천 송도

겨울깃 1월 순천만

겨울깃, 12월 순천만

어린새, 1월 포항 도구해수욕장

도요목 Charadriiformes 〉 갈매기과 Laridae

고대갈매기

Larus relictus Relict Gull

몸길이	약 45.5cm
IUCN 범주	VU (취약종)
도래유형	겨울철새

실태 전 세계의 생존 개체수가 15,000개체 정도로 추정되는 국제적 보호조류다. 우리나라에서는 제주도를 제외한 해안 전역에서 관찰되지만 개체수는 매우 적다.

특징 암수가 거의 동일하다. 여름깃은 머리가 검고 눈 위아래에는 흰색 무늬가 있다. 부리는 어두운 붉은색이며 다리도 붉은색이다. 겨울깃은 머리가 흰색이고 뒷목에는 어두운 무늬가 조밀하고 짙게 나타난다.

닮은 종 붉은부리갈매기

여름깃. 4월 강릉 ©최순규

어린새. 12월 포항 북부해수욕장

어린새. 12월 포항 북부해수욕장

붉은부리갈매기(왼쪽)와 고대갈매기(오른쪽)

검은머리갈매기(Ⅱ급)·붉은부리갈매기·고대갈매기(Ⅱ급)

　　고대갈매기는 괭이갈매기 정도의 크기로 3종 중 가장 크고 검은머리갈매기는 가장 작다. 붉은
부리갈매기는 체형이 홀쭉하며 검은머리갈매기는 상대적으로 머리가 둥글고 목이 짧다.

검은머리갈매기

붉은부리갈매기

고대갈매기

　　여름깃의 경우에는 부리가 검은머리갈매기만 검은색이고 나머지 종은 어두운 붉은색이다. 머리
색은 검은머리갈매기와 고대갈매기가 검은색인 반면에 붉은부리갈매기는 갈색 빛이 도는 검은색
이다. 첫째날개깃의 경우에도 검은머리갈매기와 고대갈매기는 흰색 반점이 뚜렷하게 보이는 반면
에 붉은부리갈매기는 전체적으로 검게 보인다.

어른새. 5월 구굴도 ©박창욱

도요목 Charadriiformes 〉 바다오리과 Alcidae

몸길이	약 24cm
IUCN 범주	VU (취약종)
도래유형	텃새

뿔쇠오리

Synthliboramphus wumizusume Crested Murrelet

실태 전 세계의 생존 개체수가 10,000개체 미만으로 추정되는 국제적 보호조류다. 우리나라에서 확인된 번식지는 구굴도와 독도이며 마라도 등의 추가 번식지가 있을 것으로 추정된다.

특징 암수가 거의 동일하다. 부리는 청회색이고 얼굴과 정수리는 검은색이며 흰 눈썹선과 함께 뒷목까지 흰색이다. 뒷머리의 검은 장식깃이 특징이며 몸 윗면은 어두운 청회색, 몸 아랫면은 흰색이다.

닮은 종 바다쇠오리

어른새. 5월 제주도 ⓒ강희만

뿔쇠오리(Ⅱ급)·바다쇠오리

뿔쇠오리

바다쇠오리

바다쇠오리는 뿔쇠오리에 비해 부리가 약간 짧고 끝부분이 하얗게 보인다. 뿔쇠오리와 달리 뒷목이 검고 장식깃이 없다.

어른새. 7월 울릉도

비둘기목 Columbiformes 〉 비둘기과 Columbidae

흑비둘기
Columba janthina Black Woodpigeon

몸길이	약 40cm
IUCN 범주	NT (준위협종)
도래유형	텃새

실태 우리나라에서는 연중 서식하는 텃새로 울릉도와 가거도 등지의 후박나무가 자생하는 도서지역에서 주로 번식하고 국지적으로 관찰된다.

특징 암수가 거의 동일하다. 우리나라의 비둘기류 중 가장 큰 종으로 몸 전체가 검은색으로 보이지만 녹색과 보라색 광택이 섞여 있다. 부리는 검은색, 다리는 붉은색이다.

닮은 종 혼동되는 종이 없다.

어른새, 7월 울릉도

어린새, 7월 울릉도

어른새, 7월 울릉도

157

어른새, 4월 원주 문막 ⓒ최순규

올빼미목 Strigiformes 〉 올빼미과 Strigidae

수리부엉이
Bubo bubo Eurasian Eagle-Owl

몸길이	60~66cm
IUCN 범주	LC (관심대상종)
도래유형	텃새

실태 우리나라 전역에 분포하는 텃새로 산림만으로 이루어진 지역보다는 개활지와 인접한 암벽지대 또는 바위산을 선호한다.

특징 암수가 거의 동일하다. 우리나라의 올빼미과 조류 중 가장 큰 종으로 쉽게 구별된다. 몸 전체는 갈색으로 어두운 무늬가 조밀하게 섞여 있고 긴 갈색 귀깃이 특징이다.

닮은 종 혼동되는 종이 없다.

어른새. 4월 부산 을숙도 ⓒ강승구

어른새. ⓒ서정화

올빼미목 Strigiformes 〉 올빼미과 Strigidae

몸길이 39~43cm

IUCN 범주 LC (관심대상종)

도래유형 텃새

올빼미
Strix aluco Tawny Owl

실태 우리나라 전역에 분포하지만 흔치 않은 텃새이며 대부분 단독으로 생활하는 야행성 조류다.

특징 암수가 거의 동일하다. 귀깃이 없고 가슴과 배에 흑갈색 세로 줄무늬가 많으며 세로줄 무늬에는 가늘게 가로줄무늬가 섞여 있다.

닮은 종 긴점박이올빼미(162쪽 참조)

어른새. 4월 ⓒ서정화

어른새. 2월 ⓒ서정화

올빼미목 Strigiformes 〉 올빼미과 Strigidae

몸길이	48~61cm
IUCN 범주	LC (관심대상종)
도래유형	텃새

긴점박이올빼미

Strix uralensis Ural Owl

실태 우리나라의 매우 드문 텃새로 설악산, 오대산 일대 등 강원도 산간지역에서 드물게 관찰된다.

특징 암수가 거의 동일하다. 귀깃이 없고 전체적으로 회백색 또는 갈색이다. 가슴은 흰색 바탕에 긴 세로줄무늬가 있고 부리는 노란색이다.

닮은 종 올빼미(160쪽 참조)

올빼미(II급)·긴점박이올빼미(II급)

올빼미

긴점박이올빼미

올빼미는 상대적으로 크기가 작고 가슴의 세로줄무늬는 굵으며 가느다란 가로줄무늬가 많이 섞여 있지만, 긴점박이올빼미는 가슴과 배의 세로줄무늬에 가로줄무늬가 거의 섞여 있지 않은 것이 큰 차이점이다. 부리의 색도 긴점박이올빼미가 올빼미에 비해 더 노란색을 띤다.

어린새. 6월 경기도 남이섬

딱다구리목 Piciformes 〉 딱다구리과 Picidae

몸길이	약 45.5cm
IUCN 범주	LC (관심대상종)
도래유형	텃새

까막딱다구리

Dryocopus martius Black Woodpecker

실태 우리나라에서는 산림이 울창한 지역에서 번식하는 텃새로 대형 딱따구리가 번식할
수 있는 서식지가 크게 훼손됨에 따라 점차 감소하는 경향을 나타내고 있다.

특징 몸 전체가 검은색으로 수컷은 이마에서 뒷머리까지 붉은색이다. 암컷은 수컷과 달리
이마와 정수리에 붉은색이 없고 뒷머리에만 붉은색이 있다.

닮은 종 크낙새(52쪽 참조)

어른새(수컷). 6월 강원도 화천

어린새(왼쪽)와 어른새(오른쪽). 6월 경기도 남이섬

어린새. 경기도 남이섬

어린새. 경기도 남이섬

어린새. 경기도 남이섬

167

어른새. 6월 제주도

참새목 Passeriformes 〉 팔색조과 Pittidae

몸길이	약 18cm
IUCN 범주	VU (취약종)
도래유형	여름철새

팔색조
Pitta nympha Fairy Pitta

실태 전 세계의 생존 개체수가 2,500~10,000개체로 추정되는 국제적 보호조류다. 우리나라에서는 주로 제주도, 함평 등 남부지방의 활엽수림 지역을 중심으로 번식하는 여름철새로 대전 계룡산 및 경기도 일대까지 관찰기록이 있다.

특징 암수가 거의 동일하다. 머리가 상대적으로 크고 통통한 체형이다. 눈선은 굵고 검은색이며 어깨와 등은 광택이 있는 녹색이다. 몸 아랫면은 옅은 황갈색 바탕에 배 중앙부터 아래꼬리덮깃까지 붉은색이다.

닮은 종 푸른날개팔색조는 2009년 5월 마라도에서 첫 관찰된 국내 미기록종으로 팔색조와 비슷하지만 어깨의 푸른색 부분이 상대적으로 넓고 가슴, 배, 옆구리가 옅은 주황색이다.

어른새, 6월 제주도

수컷, 4월 제주도

참새목 Passeriformes 〉 긴꼬리딱새과 Monarchidae

몸길이	♂44.5cm, ♀18.5cm
IUCN 범주	NT (준위협종)
도래유형	여름철새

긴꼬리딱새

Terpsiphone atrocaudata Black Paradise Flycatcher

실태 한반도 전역에서 번식하는 것으로 알려져 있으나 주로 남부 도서지역에서 번식하는 여름철새다.

특징 수컷은 머리와 가슴이 검은색이고 푸른 코발트색 눈테는 폭이 넓다. 등은 보라색이고 꼬리는 길며 특히 중앙 꼬리깃은 매우 길다. 암컷은 머리와 가슴이 검은 회색이고 꼬리는 수컷에 비해 상대적으로 많이 짧다.

닮은 종 북방긴꼬리딱새(긴꼬리딱새와 매우 비슷하나 과거에 2회의 채집기록만 있을 뿐 우리나라에서 공식적인 관찰기록은 없다. 긴꼬리딱새(삼광조)보다 상대적으로 밝은 적갈색을 띤다.)

수컷, 4월 제주도

암컷, 6월 ⓒ최순규

수컷, 4월 제주도

171

어른새. 10월 천수만 ©최순규

참새목 Passeriformes 〉 종다리과 Alaudidae

몸길이	약 17cm
IUCN 범주	LC (관심대상종)
도래유형	텃새

뿔종다리
Galerida cristata Crested Lark

실태 우리나라에서는 희귀한 텃새로 천수만에서 번식기록이 있고 주로 평지, 개활지, 초
지 등에서 서식한다.

특징 전체적으로 엷은 갈색을 띠며 길게 돌출되어 있는 머리깃이 특징이다. 부리가 크고
길며 바깥꼬리깃은 황갈색이다.

닮은 종 종다리

어른새. 10월 천수만

뿔종다리(Ⅱ급) · 종다리

뿔종다리

종다리

종다리는 뿔종다리에 비해 머리깃의 돌출이 약하고 부리도 상대적으로 짧다. 전체적인 몸 색깔
도 뿔종다리보다 짙으며 야외에서는 잘 보이지 않지만 바깥꼬리깃이 황갈색인 뿔종다리와는 달리
종다리는 흰색이다.

어른새, 6월 마라도

참새목 Passeriformes 〉 휘파람새과 Sylviidae

섬개개비

Locustella pleskei Styan's Grasshopper Warbler

몸길이	약 17cm
IUCN 범주	VU (취약종)
도래유형	여름철새

실태 전 세계의 생존 개체수가 2,500~10,000개체로 추정되는 국제적 보호조류다. 우리나라에서는 서해와 남해 및 동해안의 도서지역에서 번식하는 여름철새이지만 번식개체군에 대한 정확한 조사 자료가 부족하다.

특징 암수가 거의 동일하다. 몸 윗면은 회갈색 또는 올리브 갈색이며 눈썹선은 엷은 갈색이다. 몸 아랫면은 때 묻은 듯한 흰색이다.

닮은 종 알락꼬리쥐발귀

어른새. 6월 마라도

섬개개비(II급), 알락꼬리쥐발귀

섬개개비

알락꼬리쥐발귀

알락꼬리쥐발귀는 섬개개비와 매우 비슷해 야외에서는 구별하기 어렵다. 알락꼬리쥐발귀는 섬개개비보다 부리가 약간 작고 짧으며 몸 윗면은 회갈색이 적고 적갈색이 강하다.

수컷. 5월 어청도

몸길이	약 15.5cm
IUCN 범주	VU (취약종)
도래유형	나그네새

검은머리촉새
Emberiza aureola　Yellow-breasted Bunting

실태 우리나라에서는 주로 봄과 가을 이동시기에 관찰되는 나그네새다.

특징 수컷은 정수리 아래부터 몸 윗면까지 짙은 적갈색을 띠고 큰날개덮깃, 중간날개덮
깃, 작은날개덮깃에 있는 흰색 무늬가 눈에 띈다. 뺨과 귀깃, 멱 등 얼굴 부위는 검은
색이다. 가슴 아래는 노란색이고 가슴 윗부분에는 갈색 띠가 있다. 암컷은 누런색 머
리중앙선과 눈썹선이 명확하게 보인다. 멱과 가슴은 수컷보다 엷은 노란색이다.

닮은 종 촉새 암컷, 꼬까참새 암컷

암컷. 5월 어청도

수컷 여름깃 변환. 5월 어청도

수컷. 5월 어청도

수컷, 5월 어청도

검은머리촉새(II급)·촉새·꼬까참새

검은머리촉새 수컷

검은머리촉새 암컷

촉새 수컷

촉새 암컷

꼬까참새 수컷

꼬까참새 암컷

    수컷은 종마다 뚜렷한 특징이 있어서 혼동할 가능성이 적다.

    촉새 암컷은 몸 아랫면에 녹색 빛이 섞여 있고 눈썹선이 명료하지 않다. 꼬까참새 암컷은 머리중앙선과 뺨선이 그다지 선명하지 않고 귀깃 주변은 거의 균일한 색이며 멱에는 노란색이 없다.

수컷. 5월. 어청도

참새목 Passeriformes 〉 멧새과 Emberizidae

몸길이	약 14cm
IUCN 범주	VU (취약종)
도래유형	나그네새

무당새

Emberiza sulphurata   Yellow Bunting

실태 전 세계의 생존 개체수가 약 10,000개체로 추정되는 국제적 보호조류다. 우리나라에 서는 주로 봄과 가을 이동 시기에 관찰되는 나그네새다.

특징 수컷은 이마부터 뒷목까지 회색빛을 띤 녹색이며 멱은 옅은 노란색이다. 선명한 흰 색 눈테가 특징적이며 눈앞은 어둡게 보인다. 등은 회색빛이 도는 어두운 녹색으로 짙은 갈색 세로무늬가 있다. 몸 아랫면은 때 묻은 듯한 흰색으로 옆구리에는 회색빛 이 도는 녹색 세로무늬가 있다. 암컷은 머리의 녹색 빛이 적고 눈썹선은 없으며 몸 아 랫면의 노란색은 옅다.

닮은 종 촉새와 비슷하지만 무당새는 흰색 눈테가 뚜렷해 구별된다.

수컷 5월 어청도

암컷 5월 외연도

수컷 여름깃 변환, 5월 전남 홍도

참새목 Passeriformes > 멧새과 Emberizidae

몸길이	약 14.5cm
IUCN 범주	NT (준위협종)
도래유형	겨울철새

쇠검은머리쑥새

Emberiza yessoensis Japanese Reed Bunting

실태 우리나라에서는 드문 겨울철새로 봄과 가을 이동 시기에도 서해 도서지역에서 간혹
관찰된다.

특징 수컷의 여름깃은 머리가 검다. 등은 붉은빛이 도는 갈색으로 엷은 갈색과 검은색 세
로무늬가 있다. 암컷의 머리 윗부분은 흑갈색으로 불명료한 엷은 갈색 머리중앙선이
있다. 수컷의 겨울깃은 암컷과 비슷하지만 머리의 깃털 안쪽이 검기 때문에 전체적으
로 어둡게 보인다.

닮은 종 검은머리쑥새

쇠검은머리쑥새(II급)·검은머리쑥새

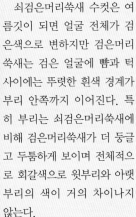

쇠검은머리쑥새 수컷은 여름깃이 되면 얼굴 전체가 검은색으로 변하지만 검은머리쑥새는 검은 얼굴에 뺨과 턱 사이에는 뚜렷한 흰색 경계가 부리 안쪽까지 이어진다. 특히 부리는 쇠검은머리쑥새에 비해 검은머리쑥새가 더 둥글고 두툼하게 보이며 전체적으로 회갈색으로 윗부리와 아랫부리의 색이 거의 차이나지 않는다.

쇠검은머리쑥새 여름깃 변환

검은머리쑥새 여름깃 변환

쇠검은머리쑥새 암컷 겨울깃

검은머리쑥새 암컷 겨울깃

겨울깃 또는 암컷의 경우에 쇠검은머리쑥새는 눈 주변과 귀깃의 흑갈색이 진한 반면에 검은머리쑥새는 엷은 경향이 있고 부리의 색도 차이가 있다.

멸종위기 야생생물 현황

정의

멸종위기 야생생물이란 「야생생물 보호 및 관리에 관한 법률」에 의해 지정·관리되고 있는 생물종을 말한다.

멸종위기 야생생물 정의(야생생물 보호 및 관리에 관한 법률 제2조)

멸종위기 야생생물 I급
자연적 또는 인위적 위협요인으로 개체수가 크게 줄어들어 멸종위기에 처한 야생생물로서 관계 중앙행정기관의 장과 협의하여 환경부령으로 정하는 종

멸종위기 야생생물 II급
자연적 또는 인위적 위협요인으로 개체수가 크게 줄어들고 있어 현재의 위협요인이 제거되거나 완화되지 아니할 경우 가까운 장래에 멸종위기에 처할 우려가 있는 야생생물로서 관계 중앙행정기관의 장과 환경부령으로 정하는 종

※ 지정제도 변화 및 관련 법령

- 특정야생동·식물 92종 지정(환경보전법,1989)

- 특정야생동·식물 179종 지정(자연환경보전법, 1993)

- 멸종위기 및 보호야생동·식물 194종 지정(자연환경보전법, 1998)

- 멸종위기 야생동·식물(I·II급) 221종 지정(야생동·식물보호법, 2005)

- 멸종위기 야생생물(I·II급) 246종 지정(야생생물 보호 및 관리에 관한 법률 2012)

지정현황

구분	전체	멸종위기 야생생물 I급	멸종위기 야생생물 II급
계	246종	51종	195종
포유류	20종	11종	9종
조류	61종	12종	49종
양서류	3종	1종	2종
파충류	4종	1종	3종
어류	25종	9종	16종
곤충류	22종	4종	18종
무척추 동물	31종	4종	27종
육상 식물	77종	9종	68종
해조류	2종	–	2종
고등균류	1종	–	1종

위반행위시 처벌규정

행위제한: 학술연구 또는 멸종위기 야생생물의 보호·증식 및 복원 등의 목적으로 환경부 장관의 허가를 받은 특별한 경우를 제외하고는 포획·방사·이식·가공·유통·보관·수출·수입·반출·반입·훼손하거나 고사시키는 행위 금지(야생생물 보호 및 관리에 관한 법률 제14조)

위반 행위	처벌 규정
· 멸종위기 야생생물 I급을 포획·채취·훼손하거나 고사시킨 자 ※상습위반시, 7년 이하 징역과 5천만 원 이하의 벌금 병과	5년 이하의 징역 또는 500만원 이상 3천만원 이하의 벌금
· 멸종위기 야생생물 I급을 가공·유통·보관·수출·반출 또는 반입한 자(죽은것 포함) · 멸종위기 야생생물 II급을 포획·채취·훼손하거나 고사시킨 자 ※상습위반시, 5년 이하 징역과 3천만 원 이하의 벌금 병과 · 멸종위기 야생생물을 포획하거나 고사시키기 위해 폭발물·덫·창애·올무·함정·전류 또는 그물을 설치 또는 사용하거나 유독물·농약 및 이와 유사한 물질을 살포 또는 주입하여 훼손하는 자	3년 이하의 징역 또는 300만원 이상 2천만원 이하의 벌금
· 멸종위기 야생생물 II급을 가공·유통·보관·수출·수입·반출 또는 반입한 자(죽은것 포함) · 멸종위기 야생생물을 방사 또는 이식한 자	2년 이하의 징역 또는 1천만원 이하의 벌금

▓ 참고문헌

Austin, O.L. 1948. The Birds of Korea. Bulletin of the Museum of Comparative Zoology at Harvard College, Vol. 101 No. 1.

Baker, K. 1993. Identification Guide to European Non-Passerines. BTO Guide 24. British Trust for Ornithology.

Brazil, M. 1991. The birds of Japan. Christoper Helm, London.

Brazil, M. 2009. Birds of East Asia (China, Taiwan, Korea, Japan, and Russia). Princeton University Press, New Jersey.

Clements, J. F. 2007. The Clements Checklist of the Birds of the World. 6th ed. Christopher Helm.

Collar N. J., A. V. Andreev, S. Chan and M. J. Crosby. 2001. Threatened Birds of Asia: The BirdLife International Red Data Book. BirdLife International.

Cramp, S. & K. E. L. Simmons. 1980. Handbook of the Birds of Europe, the Middle East and north Africa - The Birds of the Western Palearctic Vol. II. Oxford Univ. Press, Oxford.

Dickinson, E. C. 2003. The Howard and Moore Complete Checklist of the Birds of the World(3rd Edition). Christopher Helm.

Ferguson-Lee, J. & D. A. Christie. 2001. Raptors of the World. Houghton Mifflin Company, Boston.

Howard, R. & A. Moore. 1998. A Complete Checklist of the Birds of the World (2nd Edition). Academic Press, London.

IUCN. 2012. IUCN Red List of Threatened Species: http://www.iucnredlist.org

Kim, J. H., O. C. Chung, W. S. Lee and Y. Kanai. 2007. Migration Routes of Cinerreous Vulture (*Aegypius monachus*) in Northeast Asia. J. Raptor Res., 41(2): 161-165.

MacKinnon, J. & K. Phillipps. 2000. A Field Guide to the Birds of China. Oxford university Press, New York.

Mullarney, K., L. Svensson, D. ZetterstrÖm and J. Grant. 1999. Gollins Bird Guide. harper Collins, London.

Sibley. D. A. 2000. The Sibley Guide to Birds. Chanticleer Press, New York.

Svensson, L. 1992. Identification Guide to European Passerines. Fourth, revised and enlarged edition. Published by the author, Stockholm.

Vaurie, C. 1965. The Birds of the Palearctic Fauna: Non Passeriformes. H. F. & G. Witherby Limited.

Wolfe, L. R. 1950. Notes on the Birds of Korea. Auk, 67:433-455.

국립문화재연구소. 2007. 전국 천연기념물 분포지도. 국립문화재연구소. 184pp.

국립생물자원관. 2011. 한국의 멸종위기 야생동·식물 적색자료집-조류. 국립생물자원관. 272pp.

권영수, 유정칠. 2005. 경상북도 독도에서 확인된 뿔쇠오리의 번식기록. 한국조류학회지, 12(2): 83-86.

권영수, 정훈. 2009. 서해안 송도 매립지에서 번식하는 검은머리갈매기의 현황과 번식생태. 한국해양학회지, Vol.31(3):277-282.

강정훈, 강태한, 유승화, 조해진, 이시완, 김인규. 2008. 천연기념물 무인도서(칠발도, 사수도, 난도, 홍도)의 번식실태에 관한 연구. 한국조류학회지, 15(2):169-175.

강정훈, 김인규, 유승화, 강태한, 백운기. 2008. 한국의 천연기념물 조류의 현황과 서식실태. 한국조류학회지, 15(1): 73-84.

강화군. 2003. 강화갯벌 및 저어새 번식지 서식실태와 관리방안 연구. 612pp.

김성현. 2006. 칠산도 일대에 도래하는 멸종위기종 노랑부리백로(*Egretta eulophotes*)의 번식생태에 관한 연구. 호남대학교 대학원 석사학위논문.

김성현. 2010. 멸종위기 수리科(Accipitridae) 조류의 분포와 이동 생태. 조선대학교 대학원 박사학위논문.

김성현, 大西敏一, 山田浩司, 渡辺靖夫, 越山洋三, 三島隆伸, 猪狩敦史. 2010. 가을철 어청도의 매목(Falconiformes) 조류의 현황 및 벌매(*Pernis ptilorhynchus*)의 이동 양상. 한국조류학회지, 17(1): 37-44.

김성현, 三島隆伸, 猪狩敦史, 박진영, 김진한, 허위행, 한상훈. 2011. 가을철 소청도를 통과하는 수리과(Accipitridae) 조류의 이동 현황. 한국조류학회지, 18(1): 35--41.

김영호, 오홍식, 장용창, 최수산. 2010. 삼광조(*Terpsiphone atrocaudata*)의 둥지 장소 선택 환경. 한국조류학회지, 17((1): 11-19.

김완병, 오홍식, 박행신. 1998. 저어새 *Platalea minor*의 도래현황과 보호방안에 관한 연구. 한국조류학회지, 5:27-33.

김주헌. 2006. 서산 A, B지구 간척지에 도래하는 황새(*Ciconia boyciana*)의 월동 생태에 관한 연구. 공주대학교 대학원 석사학위논문.

강창완, 강희만, 김완병, 김은미, 박찬열, 지남준. 2009. 제주조류도감. 제주특별자치도, (사)제주야생동물연구센터, 국립산림과학원 난대림연구소, 제주지역환경기술개발센터.

김창회, 강종현, 이윤경, 김동원, 서재화, 김명진. 2010. 제2차 전국자연환경조사 결과 분석을 통한 멸종위기조류의 국내 분포현황. 한국조류학회지, 17:67-137.

노신애. 2005. 제주도 성산포에 도래하는 저어새(*Platalea minor*)의 월동생태. 경희대학교
　　　석사학위논문.

문화재청. 2003. 천연기념물 조류 서식·번식지 실태조사 및 관리방안 연구. 문화재청. 150pp.

문화재청. 2006. 2006년 천연기념물 모니터링. 문화재청. 124pp.

문화재청. 2007. 중장기 천연기념물(동물) 분포파악을 위한 조사연구. 국립문화재연구소
　　　천연기념물센터. 182pp.

문화재청. 2008. 2008년 전국 독수리 월동실태 조사보고서. 문화재청. 51pp.

문화재청. 2009. 2009-2010년 전국 독수리 월동실태 조사보고서. 문화재청. 69pp.

문화재청. 2010. 2010-2011년 전국 독수리 월동실태 조사보고서. 문화재청. 67pp.

박진영. 2002. 한국의 조류 현황과 분포에 관한 연구. 경희대학교 대학원 박사학위논문.

박진영, 정옥식, 김동현. 2005. 붉은배새매의 춘기 이동경로에 관한 연구. 한국조류학회 2005
　　　춘계 학술발표대회.

박행신. 1998. 제주의 새. 제주대학교 출판부.

박헌우. 2003. 한국에서 검은머리갈매기(*Larus saundersi*)의 번식생태 특성 및 보전방안.
　　　한국교원대학교 석사학위논문.

서정화, 박종길. 2008. 한국의 야생조류 길잡이. 신구문화사.

오장근, 박행신, 오홍식. 1994. 흑비둘기(*Columba janthina*)의 번식생태에 관한 연구.
　　　한국조류학회지, 17(1): 27-35.

원병오, 엠이제이 고아. 1971. 한국의 조류. 왕립아세아학회한국지부.

원병오. 1996. 한국의 조류. 교학사. 453pp.

원병오. 1981. 한국동식물도감-제25권 동물편(조류생태). 문교부. 1,126pp.

원병오. 1992. 여름철새도래지, 번식지 및 해조류 번식지 학술조사 보고서. 경희대학교
　　　한국조류연구소.

이우신, 구태회, 박진영. 2000. 야외원색도감 한국의 새. LG상록재단. 320pp.

정진문. 2001. 한국의 흰꼬리수리(*Haliaeetus albicilla*) 번식 사례에 관한 연구. 한국교원대학교
　　　석사학위논문.

조해진, 이영석, 강태한, 김인규, 우희철, 이한수. 2009. 벌매(*Pernis ptilorhynchus*)의
　　　번식보고. 한국조류학회 2009 추계 학술발표대회.

진선덕, 유재평, 백인환, 한성우, 김성만, 한갑수, 강태한, 김인규, 유승화, 이기섭, 김수호,
　　　김태좌, 김성현, 최종수, 홍길표, 조해진, 빙기창, 강정훈, 박치영, 김우열, 오홍식,
　　　백운기. 2009. 천연기념물 제243-1호 독수리(*Aegypius monachus*)의 월동실태에
　　　관한 연구. 문화재지 42(1): 62-71.

채희영, 박종길, 최창용, 빙기창. 2009. 한국의 맹금류. 국립공원관리공단. 164pp.

최영복, 채희영, 김성현. 2009. 전라남도 홍도를 통과하는 벌매(*Pernis ptilorhynchus*)의 이동
　　양상. 한국환경생태학회지, 23(1):50-55.

최창용. 2004. 제주도 성산포에 도래하는 저어새의 월동생태 및 관리방안. 서울대학교
　　석사학위논문.

한국조류학회. 2009. 한국조류목록. 한국조류학회. 133pp.

함규황. 1982. 크낙새 생태에 관한 연구. 경희대학교 대학원 박사학위논문.

환경부. 1999-2011. 겨울철 조류 동시센서스. 환경부 국립환경과학원·국립생물자원관

森岡照明, 叶内拓哉, 川田隆, 山刑則男. 1998.
　　図鑑日本のワシタカ類(第2版). 文一総合出版, 日本.

五百沢 日丸, 山形則男, 吉野俊幸. 2000. 日本の鳥550 山野の鳥. 文一総合出版, 日本.

桐原 政志, 山形則男, 吉野俊幸. 2000. 日本の鳥550 水辺の鳥. 文一総合出版, 日本.

真木広造, 大西敏一. 2000. 日本の野鳥590. 平凡社, 日本.

▰▰▰ 국명 찾아보기

▰▰▰ 학명 찾아보기

영명 찾아보기